山菜ガイド
野草を食べる

川原 勝征

CONTENTS

はじめに ── 2
この本のまとめ方 ── 4
植物用語の解説 ── 4
野草を食べる ── 8
和名索引 ── 155
参考文献 ── 157

南方新社

はじめに

　昭和35（1960）年前後に、祖母が味噌と豆腐で和えて時々食べさせてくれた植物があった。庭先の菜園から採ってきていたので、野菜だと思い込んでいた。独特のヌメリがあるものの結構おいしかったし、慕っていた祖母の手作りでもあったので、お代わりまでして食べていた。いま思えばそれは畑に勝手に生えてきたスベリヒユだった。祖母はたしかスネベと呼んでいたが、その名は植物方言集に見当たらない。各地でブタンクサ、ホトケミン、ヨゴシグサ等と呼ばれている。

　私は山菜や各種の筍など、四季折々の野草食を楽しんでいる。中学校の教師として担当していた生物クラブで、「春を食べよう」のテーマでノビルやツクシ、クサギ、ドクダミ、タラの芽等を、また「秋の恵みをいただこう」と称してはギンナン、シイの実、アケビ、エビヅル、ヤマノイモのムカゴ等を理科室に持ち込んで生徒たちと味わった。私が食べてみせるまでは誰も口にしなかったが、結構いけると感じると競い合うように食べ、来週もまたやろうと言いだすことが多かった。

　山菜摘みは人気が高く、書店にはその種の本が多く並んでいる。私は晴天の休日にはたいがい野山を散策しているが、晩酌の肴になりそうな植物を見かけると、収穫して帰るのが常である。山菜の紹介本には、食べ方についてはごく簡単にふれてあるだけのものが多く、「大丈夫か？ 筆者は実際に食べてみたのだろうか。うまいのか？」と考えることがしばしばである。

　一方で、昔懐かしい草花遊びと同様に、山菜に関しても、昔の人々が伝えてきた知恵や知識はしだいに忘れられつつある。本著では私自身が食べたことのある野草を中心に、参考文献や各地の山菜愛好者の指導も得て、昔ながらの食べ方を紹介することにした。実際に食べてみて合格点のついたものだけを採り上げた。植物図鑑としても役立つように、対象となる植物自体の解説にも力点をおいた。本著の中の一品でも、お試しいただければこの上ない喜びである。

　この著作にかかわって3年。今回はこれまでになかった体験をした。それは

初対面の人との出会いの楽しさである。おもに地方に出かけ、高齢の方に尋ねることが多かったが、「このあたりではこれを食べませんか」と、用意した植物を差し出すと、たいがいは期待した答えが返ってきた。食べ方や保存のしかた、さらにほかの食べられる植物についても教わった。別れ際には、「持っていけ」と農のプロが育てた菜園の野菜を、持ちきれないくらい渡されることがしばしばだった。「袋はあります」と、採集物を入れる目的で持参していた大きなビニール袋を取り出すと、いかにもこのときを待ち構えていたかのような状況になってしまう。冷や汗まじりの言い訳と互いの笑いが交錯したのも懐かしい。私だけが一方的に得することになり恐縮だったが、いつもありがたくいただいて帰った。

　本著の作成にあたって、監修者の初島住彦博士には、鹿児島県だけでなく、沖縄をはじめ九州各地の山菜についても、いつものように親身のご指導をいただいた。また、南方新社の向原祥隆代表と遠矢沢代氏には、貴重なご意見をいただいた。そのほか、多くの愛好家の方々のご協力で、本著の出版をみた。猪俣笑さん（吉松町；ヨモギ・ワラビ・筍・クサギ・ハナイカダ）、横山千鶴子さん（鹿児島市；ツワブキ・ハヤトウリ・カラスノエンドウ・セリ）、宗像洋子さん（姶良町；ホテイチク）、本野知子さん（蒲生町；ワラビ）、堀切トメ子さん（加治木町；ツクシ）、福丸絹子さん（隼人町；ワラビ）、宮下シズさん（金峰町；タラノキ・クサギ・ハナイカダ）、中尾幸子さん（蒲生町；クサギ・ハナイカダ）、前平照子さん（国分市；ヨモギ）ほか、お名前を聞かずに別れてしまった多くの方々に、ご教示いただいた。心より、お礼を申し上げたい。

2005年3月

著者

この本のまとめ方

- おもに鹿児島県内に生育する植物を採り上げた。
- 実際に食べてみて、人に勧めることができると感じたものだけを採り上げ、調理した写真も載せるようにした。
- おおよそ季節を追って配列し、食べごろの形態を中心に掲載した。植物は刈払いや枝切り、台風等に遭うと新芽をふく。ヨモギ・タラの芽など時期はずれに思わぬ収穫ができることもあるので楽しんでほしい。
- 解説は多岐にわたって記載した。類似種との区別点を参考にして、正しい和名にたどりついてもらえればうれしい。方名（地方名）は広域で使用されているものを選んで記載した。
- 類似種があるものはなるべく掲載し、有毒なものについては赤枠━━で囲んで注意を促すようにした。
  本著では有毒な類似種は少ないが、イヌホオズキとキツネノボタンは、幼株の葉がそれぞれアオビユとミツバにそっくりなので注意してほしい。実際に誤って採ったと思われる痕跡があったので、現場の写真を掲載した。誤食による食中毒の記事に接しなかったので、大事には至らなかったのだろう。
- 解説文の最後にあげた「用法」は、薬用植物として一般に利用しやすいものについて、『薬草の詩』（鹿児島県薬剤師会編）を参考に、使用部位、適用、使い方の順で記載した。薬用に使う場合は、薬剤師に相談してください。
- 用法にある煎服の方法：乾燥させた植物を、土びん、ホーロー鍋、耐熱ガラスの容器などに水と一緒に入れ、半分量まで煎じ、1日分を3回に分けて飲む。
- 和名索引には本著に採り上げた種類全てを掲載した。

植物用語の解説

- **雌雄異株**　雄花ばかりの株（雄株）と雌花ばかりの株（雌株）との別がある植物。雌雄同株は雌雄異花（カボチャ等）と両性花とに分けられる。
- **1年草**　1年間で開花・結実を終える草本植物。春に発芽し秋に結実するものと、秋に発芽し翌年に結実する越年草（2年草）とに分けられる。
- **多年草**　地下部に栄養を蓄え、その場で何年も継続して生育できる植物。
- **ムカゴ**　地上部に生じた芽が栄養分を貯蔵して球状になったものをいい、葉が退化して茎が多肉になったもの。
- **虫こぶ**　寄生虫の影響によって植物体の一部に生じた異常な膨らみ。
- **鱗茎**　地下茎の一種で、養分を蓄えた肉厚が重なって球状になったもの。球根。タマネギ、ユリ根など。

植物用語の解説 / 葉

●葉の形

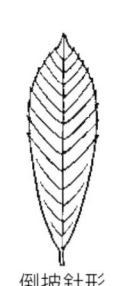
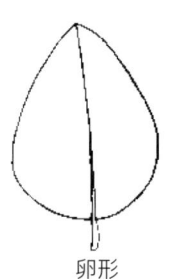

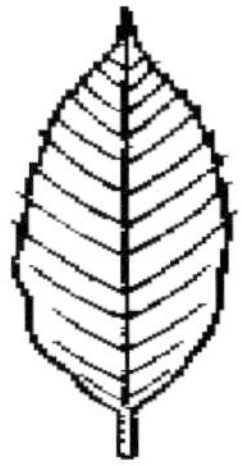

披針形　　　倒披針形　　　卵形　　　倒卵形

●葉身の基部の形

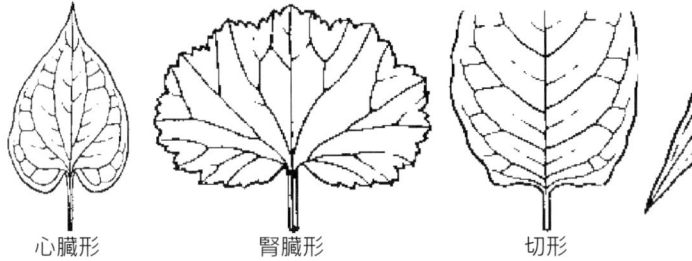
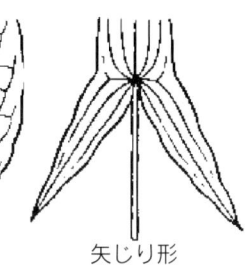

心臓形　　　腎臓形　　　切形　　　矢じり形

●葉縁の形

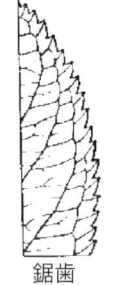
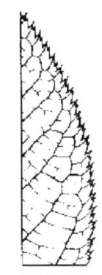

鋸歯　　　重鋸歯

●葉のつき方

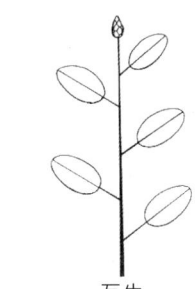
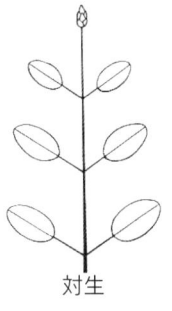

互生　　　対生

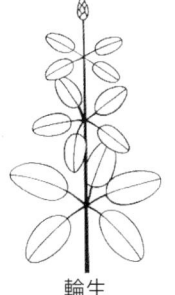
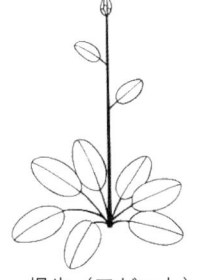
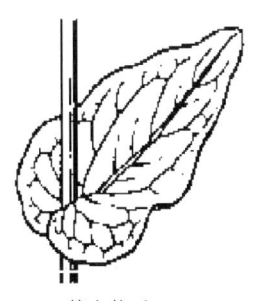

輪生　　　根生（ロゼット）　　　茎を抱く

●複葉の形

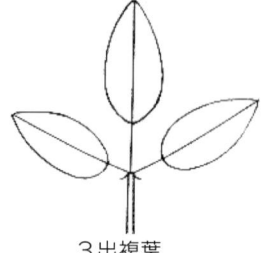
3出複葉

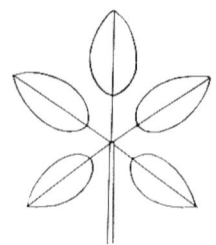
掌状複葉

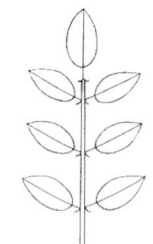
奇数羽状複葉

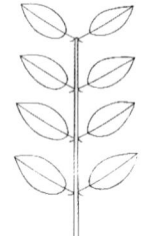
偶数羽状複葉

2回羽状複葉

3回羽状複葉

植物用語の解説 / 花

●花序の形

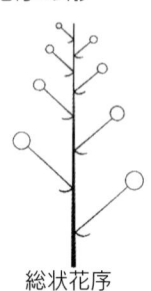
総状花序

穂状花序

散房花序

散形花序

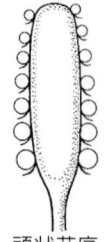
頭状花序

肉穂花序

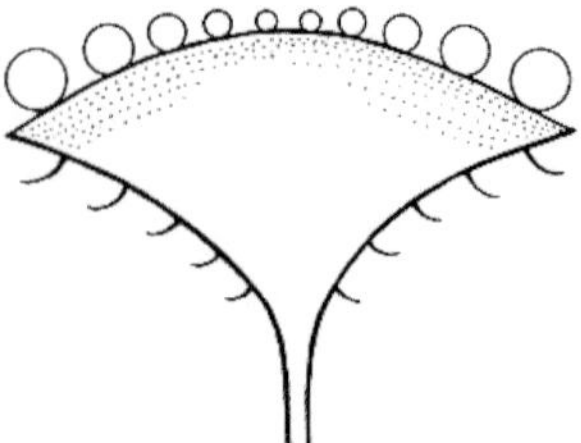

●管状花と舌状花

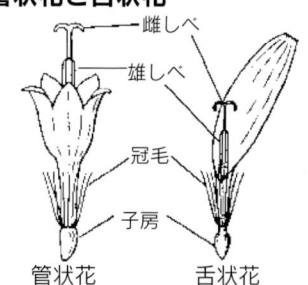
管状花　舌状花

山菜ガイド
野草を食べる

新芽、若葉、根、花、木の実、
採り方、食べ方、分布など詳しく紹介

身近な自然は、食の宝庫

オランダガラシ（和蘭芥子）あぶらな科　*Nasturtium officinale* R. Br.

　英名の「クレソン」の方が、名前の通りは良い。独特の香りと辛味がある。明治初期の帰化植物だが、繁殖力が旺盛で、急速に生育範囲を広げて、現在では谷あいの清流から町なかを流れる川の中州まで、水の流れがあれば、たいてい見つかる植物となっている。近くのラーメン屋では、クレソンが添えられていた。

●形態：普通は高さ40cm内外の多年草。茎は太くて柔らかく中空で枝を分けながら、水中や地表を這う節から白い根を出して広がる。葉は、長さ2cm内外で卵形をした5〜9枚ほどの小葉からなる奇数複葉で、互生し、全草にまったく毛がない。5〜6月に白色の4弁花が咲く。さやは2cmほどの円柱状で、中に20個内外の種子を収めている。

●生育地：川、湧水地、用水路などの湿地。
●分布：欧州原産、全国に広がっている。
●類似種：タネツケバナ（種漬花）、オオバタネツケバナ（大葉種漬花）。
●見分け方：タネツケバナは道端や花園、荒

水辺に、よく群落を見かける

4月には花が咲く

太いこん棒状の果実

1月には採取できる

酢味噌和えがおいしい

乾燥地に多いタネツケバナ

水辺に生えるオオバタネツケバナ

お浸しで香りと歯ざわりを味わう

地に多く、小葉は 11～15 枚ほどと多数。オオバタネツケバナは湧水辺に混生することもあり、長く這う枝を持たず、枝分かれし、先端の小葉が大きい。鹿児島市の七窪の湧水地ではクレソンと混生していた。どちらも生葉をかむと辛味があり、同様に食べられる。

- 食用部分：若葉、若い茎。
- 採取時期：春先が最適だが、ほぼ1年中。
- 採取方法：高さ 20cm ほどなら根元から、50cm ほどに育ったものなら茎の先端から 20cm ほどを摘み採る。
- 食べ方：(1)生食用として刺身のつまや肉料理の付け合わせにする。
(2)生のまま、または熱湯をさっとかけて、ドレッシングやマヨネーズで食べる。
(3)軽くゆでてお浸し・和え物に。味は上等。
(4)天ぷらにして食べる。
- 用法：(根以外の全草) ①消化促進；新鮮な葉を刻んで生食。②利尿；1日に5～10g を煎服する。

セイヨウタンポポ（西洋蒲公英）きく科　*Taraxacum officinale* Web.

　明治時代に食用として移入されたもの。全国にタンポポの仲間は多いが、鹿児島県本土には3〜4種と少ない。受粉なしでも種子をつくれる（単為生殖）ので繁殖速度が早く、日本に在来の種類との生存競争にうちかって、生育範囲を広げている。
- 形態：高さ20cm内外になる多年草で、葉はすべて根元で地表と平行に広がるロゼット状。葉縁の切れ込みの程度は浅裂〜深裂までさまざま。花の集まりを包んでいる総苞の外片に突起がなく、外側に反り返っている点が、カントウタンポポなどの在来のものとの相違点である。花は黄色の舌状花だけからなり、直径4cm内外。
- 生育地：日当たりの良い道端や土手など。
- 分布：欧州原産、日本全土に広く分布。
- 類似種：アカミタンポポ、シロバナタンポポ。
- 見分け方：アカミタンポポの頭花は直径2〜3cmと小さめである。果実の色が赤銅色をしているので、灰〜褐色のセイヨウタンポポ

外来のタンポポは総苞が反り返る

春先の柔らかい葉を摘む

1月には咲くシロバナタンポポ

セイヨウタンポポの果実は褐色

アカミタンポポの果実は赤褐色

バター炒めは春菊のような味

と区別がつくが、その他の点ではほとんど違いがない。シロバナタンポポは大昔から日本に生育するもので、全体が大型で総苞の外片が反らない。いずれも同様に食べられる。
● 食用部分：若葉、花、根。
● 採取時期：2月頃から。
● 採取方法：人や犬などのよく通る場所に多いので、場所を選んで採るようにする。春先から初夏の葉を、根元からナイフで切り採る。根は、根掘りを使って掘り取る。

● 食べ方：《下ごしらえ》葉は熱湯をかける。根はゴツゴツしているので、タワシ等でよくこすって泥を落とす。
(1) 柔らかい葉を選んで、裏側だけに衣をつけて天ぷらにする。
(2) 若芽をバターで炒めたり、お浸しにしたりして食べる。
(3) 根を3cmくらいに切って水にさらしたものを、ごま油で炒めてきんぴらにする。
● 用法：(根) 健胃；1日に5〜10gを煎服する。

フキ（蕗）方名フッ　きく科　*Petasites japonicus* Maxim.

　待ちこがれていた春の到来を告げる植物の代表として扱われ、早春のテレビや新聞に必ずといっていいくらい登場する。いろいろな食べ方をされ、どのようにしても苦いが、その苦味こそがフキのとう（薹）の本命である。

●形態：太くて枝分かれする根茎を伸ばして殖える雌雄異株の多年草。葉は直径25cm内外の腎臓状円形で、縁に低い鋸歯がある。雄株の頭花は黄色っぽい筒状の両性花からなり花茎が伸びない。雌株は白っぽくて中央に両性花が、周囲に雌花があり、花茎は長く伸びる。
●生育地：荒地や道端の少々湿った場所。
●分布：東北地方〜九州。
●類似種：あえて挙げればツワブキ。
●見分け方：ツワブキの葉はつやがあり葉柄が詰まっており、新芽は綿毛に覆われる。フキは葉に光沢がなく、葉柄は中空で葉の縁に細かい鋸歯がある。
●食用部分：つぼみ（フキのとう）、葉柄。
●採取時期：2〜3月（蕾）、7〜9月（葉柄）。

群落をつくって生えている

2月が摘みごろのフキのとう

フキのとうを油で揚げる

雄株の雄花は黄色っぽい

4月頃の雌株の雌花

苞を開いたフキのとう

フキ味噌にする

●採取方法：フキのとうは、できるだけ苞の開いていない固いものを選んで、ひねるようにして採る。葉柄は、細いものをさけて、水辺に生育している柔らかくて太いものを採る。

●食べ方：(1)《フキ味噌》フキのとうを生のまま細かく刻んで味噌と混ぜ合わせると、独特の香りと苦味がおいしい。多くつくって冷凍保存しておき、季節はずれに食べるのもよい。また、油で炒めて味噌の味つけで食べる。
(2)固いつぼみのものを天ぷらにするのが一般的な食べ方。口中にほんのり広がる苦味がいい。蕾の外側の苞を花びらのように広げ、苞に衣をつけて揚げると、揚がりも形も良い。
(3)塩をすりこんでしばらく置き、あくを洗い流して味噌汁の具にする。
(4)葉柄の皮をむいて、煮物や佃煮にする。
(5)葉柄の皮をむいて刻み、生のまま魚の缶詰や味噌に混ぜて食べる。

●用法：（花・茎）咳止め：1日に10〜20gを煎服する。

ヨメナ（嫁菜）きく科　*Kalimeris yomena Kitam.*

　万葉集では、ウハギまたはオハギと称し、古くから春の若菜として食べられていた植物らしい。ずばりノギクという和名の植物はないが、一般には、サツマシロギクやシラヤマギク、ノコンギクなどとともに、区別せず「野菊」と俗称されてもいる。

● 形態：高さ50cm内外になり、人里の畑の土手や草むらに普通に見られる多年草で、根茎で殖える。葉は幅3cm長さ9cm内外の長楕円形で縁に鋸歯があり、柄がなくて互生する。葉面は毛がないので光沢がある。夏～秋にかけて咲く直径3cmほどの頭花は、外周の舌状花がうすい青紫色で、中心の管状花は黄色。コヨメナとオオユウガキクとの雑種。

● 生育地：土手や用水路脇など湿気のある所。
● 分布：本州以南、種子・屋久まで。
● 類似種：サツマシロギク、ノコンギク。
● 見分け方：サツマシロギクは葉面に毛が多いので光沢がなく、花は白色である。葉の基部が茎を抱く形になっている。ノコンギク（野

つぼみは紫色が濃い

葉がざらつくサツマシロギク

柔らかい葉を10cmくらい摘む

群落をつくって生える

天ぷらがおいしい

紺菊）はヨメナによく似るが、冠毛（種子の上部につく毛）の長さがヨメナは0.5mmほどなのに対して、ノコンギクは5mmほどあることで、区別がつく。どちらも食用にはしないようである。
- 食用部分：新芽、若葉。
- 採取時期：2〜6月。
- 採取方法：新芽が15cm内外に伸びてきた頃に、地上部分を手かナイフで摘み採る。犬の散歩コースになっていると思われる場所での採取は、言うまでもなく避けるべきである。
- 食べ方：(1)葉を天ぷら・素揚げにすると、春菊のような風味があっておいしい。衣をつけすぎず、また揚げすぎない。
(2)葉をゆでてお浸し、和え物に。
(3)卵とじにするのもおいしい。
(4)あく抜きしてみじん切りにし、刻んだ卵焼きと塩少々を炊きたてご飯に混ぜ込む。
- 用法：（全草）風邪・利尿：1日に3〜4gを煎服する。

セリ（芹）せり科　*Oenanthe javanica* DC.

　春の七草で5つの野生種のうち、最も親しまれている植物で、食用の歴史は古事記や万葉集にも見られ、延喜式（928年）には栽培の記録があるという。神経痛やリウマチに効くといわれている。和名は、新芽が競（せ）りあうようにして伸びるところからついたらしい。

●形態：高さ40cm内外になる多年草で、太い地下茎の節から新芽を出して殖える。葉は1～2回分かれる3出複葉で、卵形の小葉の縁には粗い鋸歯がある。6～7月に白い小花が多数集まって直径5cmほどの塊になる。果実は楕円形。
●生育地：水田や水路など水分のある場所。
●分布：日本全土に広く自生。
●類似種：ドクゼリ、セントウソウ（仙洞草）。
●見分け方：ドクゼリはセリと同じような場所に生えるが、鹿児島県には現在では生育しないらしい。高さ1mほどになり、葉は2～3回羽状複葉で、縁に鋭い鋸歯がある。セリ

4月頃の花

5月頃の果実

白和えがおいしい

海苔で巻いた磯辺巻き

全草を食べられる

似た感じのセントウソウ

炊きたてのご飯に混ぜる

はひげ根で、ドクゼリは太った根である。セントウソウは林下の日陰に成育する弱々しい草で、2回羽状に分かれ、小葉が深く切れ込む。鹿児島市城山の車道沿いの林下には多い。食用にはしない。

●食用部分：若葉、若い茎、根茎。
●採取時期：1～5月。
●採取方法：若い植物は、ナイフで根元からていねいに刈りとる。土質が軟らかい場所では、根ごと掘り取って泥を洗い落として持ち帰る。

●食べ方：(1)最も一般的で、セリそのものの豊かな香りを楽しめるのが、お浸しと和え物。細かく刻んで炊きたてのご飯に混ぜても。
(2)《磯辺巻き》さっとゆで、かためにしぼって水気を除いたものを、海苔で巻いてレモン汁と醤油で食べるとおいしい。
(3)太めの葉柄は、味噌汁の具や、卵とじに。
(4)根は、から炒りして、ゴマ油と唐辛子をきかせたきんぴらで食べる。
●用法：(全草)神経痛；お浸しにして食べる。

ギシギシ（羊蹄）たで科　*Rumex japonicus* Houtt.

　和名は、果実がぎっしり詰まってついているからとか、茎や葉どうしをこすり合わせるとギシギシという音がするからとか諸説ある。民間薬として、根は皮膚病の外用薬に利用されるという。
● 形態：高さ１ｍ内外で大株になる雌雄同株の多年草。根出葉を地表すれすれに多数広げて冬越しをする。葉の両面に毛はない。茎につくすべての葉には短くても柄があって、茎を抱く形にならない。花期は４〜６月で、茎の上部に花弁のない淡緑色の小花を密につけて、全体が円錐花序になる。果実には３つの稜があり、広卵形、濃褐色、光沢がある。
● 生育地：野原や田畑のやや湿りけのある所。
● 分布：日本全土に広く自生。
● 類似種：スイバ（別名スカンポ）。
● 見分け方：スイバは雌雄異株で、雄花が淡黄色なので雄株は全体が緑色に見えるが、雌株は雌花がピンク。茎の途中につく葉に柄がなく、茎に密着していて茎を抱く形になる。

黄緑色で地味な花

翼のある果実

葉が無柄で茎を抱くスイバ

1mの大株に生長する

新芽の基部はぬめりが強い

お浸しにして食べる

●食用部分：新芽、若葉、若い茎。
●採取時期：1〜4月。
●採取方法：さやに包まれた角状の新芽を採取するが、ぬめりの強い液体に包まれているので、素手でとるのは困難で、ナイフを差し込んで切りとる。
●食べ方：《下ごしらえ》ごみを洗い落として、さやを除き、少量の塩を加えてよくゆでる。
(1)マヨネーズや三杯酢、酢味噌の和え物にして食べる。ゆでると鮮やかだった緑色が退色して少し茶色を帯び、タカナに似てくる。ギシギシそのものには味がないが、心地良い歯ざわりが楽しめる。スイバも同様に食べる。
(2)若い茎の皮をむいて、食塩をつけて食べる。蓚酸を含むので、多くを生食しない。
(3)塩をふって軽いおもしをして、一夜漬けにする。
●用法：(根) ①緩下剤（便秘薬）；1日に5gを3回に分けて煎服する。②たむし；生の根の汁を患部に塗る。

カラスノエンドウ（烏野豌豆）まめ科　*Vicia sativa* L.

　小葉の先端が矢羽根のようにV字形にくぼんでいるので、別名をヤハズエンドウ（矢筈豌豆）という。類似種のカスマグサは、本種の「カ」とスズメノエンドウの「ス」の間の意味で、ヘチマの命名（別名トウリのトが、イロハのへとチの間）とともに、ユーモアのセンスあふれていておもしろい。
●形態：高さ60cmほどになるつる性の一年草で、繁殖力の強い野草。葉はほとんど毛がなく、3～7対の狭い倒卵形の小葉からなる羽状複葉で、互生し、葉の先端が巻きひげになっていて他物に巻きついて伸びていく。3～4月頃葉の付け根に赤紫色の花を1～2個咲かせ、果実は長さ4cmほどのさやの中に、6～8個の種子を収めている。花・果実には柄がなく、葉の付け根に1～3個が直接かたまってついている。最近、加治木町小山田で野生の白花品を見つけた。
●生育地：草原、道端、堤防など。
●分布：本州以南。

4月頃の柔らかい豆果　3月頃満開の花　柔らかい葉を摘む

白花は珍しい　柔らかい果実を油炒めに

スズメノエンドウは全てが小型　カスマグサの果実　素揚げ（左）か衣を薄くつけて揚げる（右）

- 類似種：スズメノエンドウ、カスマグサ。
- 見分け方：どちらも葉や花は本種よりぐんと小さい。前者は、葉の付け根から伸びた細長い柄の先に、淡青紫色で長さ3mmほどの小花が5個ほど咲く。さやには種子が2個ずつ入っている。カスマグサは、3～6対の小葉からなる羽状複葉。果実は長さ1cm内外で5個内外の種子が収まる。
- 食用部分：若葉、若いさや。
- 採取時期：2～4月。
- 採取方法：若い枝先を10cmほど摘み採る。花や若い果実がついていたら一緒に採る。
- 食べ方：(1)衣をつけて天ぷらに、または何もつけずさっと素揚げにして、軽く塩を振りかけて食べる。
(2)若く柔らかいさやは、手早く油炒めにするか、かき揚げにする。
- 用法：(全草) 胃炎；1日に5gを煎服する。

ノビル（野蒜）方名ノビィ　ゆり科　*Allium grayi Regel*

　時期になれば、県下のどこでも採取できる、栽培種に近い山菜のひとつである。香りや味がラッキョウ、ネギ、ニラなどにそっくりだが、ヒルとは元々これらの植物をひとまとめにしてつけられた古名である。辛味がやや控えめで、いろいろな食べ方ができるがいずれも晩酌の肴にはもってこいである。調理次第では子どもも好きになりそうである。春の摘み草のひとつとして、万葉集にもヒルの名で登場する。

●形態：多年生の宿根植物で、前年の晩秋から葉が出ていて冬越しする。4～5月に高さ50cmほどの花茎を伸ばして、先に球形の花序をつける。その中に6枚の花弁をもつ白～淡紫色の花が見られるが、花よりもムカゴ（肉芽・珠芽）の方が多く混じっている。
●生育地：田畑の畦、河原の土手や草原。
●分布：日本全土に広く自生。
●類似種：特になし。
●食用部分：葉、鱗茎。

花とムカゴが同居

生でかじってもおいしい鱗茎

卵とじの味は最高

球形に集まるムカゴ

さっとゆでて酢味噌で

●採取時期：3～5月。
●採取方法：そのまま強く引っぱると、肝心のおいしい鱗茎が切れることが多い。移植ごてなどである程度掘ってから、じわりと引くと鱗茎もついてくる。斜面に生えている場合は、横から少し掘るだけで簡単に鱗茎にいき当たるので採りやすい。葉の基部が太いものをねらうのが良い。掘った穴を埋め戻しておくのがマナー。
●食べ方：(1)洗って薄皮と根を除き、味噌をつけて生かじりするとおいしい。辛さは、生のラッキョウやタマネギほどではないので、何もつけなくても食べられる。
(2) 1分以内でさっとゆでると鱗茎に甘味がでて、辛子酢味噌和えなどにするとおいしく食べられる。
(3)そのまま刻んで味噌汁の具にしても良い。
(4)卵とじにすると、とてもおいしい。
●用法：(鱗茎) 虫さされ：すりおろして汁を患部に塗る。

チガヤ（茅萱）方名ツバナ（若い芽の呼称）いね科　*Imperata cylindrica* var. *major* C.E.Hubb.

　空腹が満たされるわけでもなかったが、現在のようにおいしい菓子などが思いのままに与えられることのなかった昔は、誰もがこの味を知っていて、競ってうまそうな株をさがしたものだ。新芽を食べる風習は、万葉集にも詠まれているという。根茎を乾燥させたものは、利尿、消炎、止血効果があるとされる。

●形態：高さ50cm内外になる多年草。地下茎は白くて、長く這っている。生長すると、長さ4mmほどの小穂が密に集まって、長さ10cmほどの花穂になり、逆光で見ると銀色に輝いて見える。丈夫な葉を使った「チガヤ飛ばし」の遊びを教えると、現在の子どもも大喜びで、結構熱中する。

●生育地：市街地から河原や野原の乾燥地。
●分布：本州以南。
●類似種：ススキ（薄）。
●見分け方：チガヤは葉の縁の鋸歯が強くないので指を切ることはないが、ススキは葉の中軸が太く縁が鋭くぎざぎざしているので、

秋に目立つ尾状の穂

新芽を引き抜く（ツバナ）

噛んで青臭さを味わう

ススキは秋の七草のひとつで古名をオバナという

結構きれいな花

チガヤの葉縁は鋭くない

葉縁が鋭くて指を切るススキ

地下茎をかむとかすかに甘い

根元から先に向かって不用意になでるとナイフで切ったような深傷を負う。
- 食用部分：20cmほどの芽立ち、地下茎。
- 採取時期：3～4月。
- 採取方法：地下茎は、地上部をしっかり握ってじわりと引っ張るか、木の枝などで軽く掘って取り出す。ツバナは、地上部の中心部から鞘（さや）に抱かれるようにして出ているもので、わずかに膨らんでいるものを指ではさんで引き抜く。
- 食べ方：(1)白色の地下茎は、しごいて泥を落とし、そのまま回数多く噛み続けてかすを吐き出す。かすかに甘い汁が口中に残る。
(2)ツバナは軟らかくて、噛んでいるうちに形がなくなるので、そのまま飲みこむ。少しばかり青臭さを感じるが、いやな風味ではない。2ｍ以上になり、屋根葺きに使用したカヤの新芽も、同様に食べたものだ。
- 用法：(根茎)利尿：1日に12ｇを煎服する。

オオバコ（大葉子）おおばこ科　*Plantago asiatica L.*

　オオバコは小学校の飼育小屋の兎が喜んで食べてくれた植物でもあった。葉柄の中を丈夫な筋が数本通っているので、それらを切断しないように注意しながら、葉柄の途中を数mm分離しておいて、根元に近いほうを引いたりゆるめたりすると、葉身が「おいで、おいで」をする。よくやった幼時の遊びである。オオバコのからだは、節の間隔が詰まっていて、踏みつけられても簡単には折れないようにできている。踏みつけられることに耐えて、草丈の高くなる植物が侵入できない場所で日光を得て生き抜く。じつに良くした生存方法である。種子には粘り気があるので、靴底や動物の足裏にくっついて広く散布される。

●形態：多年草で、葉は根元から放射状に地面と平行に広がる。葉は卵形で、数本の縦に並んだ太い葉脈がある。春に高さ20cm内外の花茎を数本伸ばして、穂状花序に白い小花を多数咲かせる。果実の中には、種子が6個内外入っている。

風にゆれて咲く花

晩秋の果実

ロゼット状に広がる若葉

きれいな場所の柔らかい葉を摘む

ヘラオオバコ

ヘラオオバコの花

天ぷらにして食べる

- 生育地：日当たりの良い道端や荒地など。
- 分布：日本全土に広く自生。
- 類似種：ヘラオオバコ。
- 見分け方：オオバコと同じような場所に生えるが、葉は大きいへら形で、葉裏と柄に淡褐色の長い毛が生えている。自生地は多くはない。指宿市魚見岳頂上でも観察できる。
- 食用部分：若葉。
- 採取時期：3～5月。
- 採取方法：踏まれていない、やや日陰の草地のものを選んで根元からナイフで切り採る。犬の散歩コースにあるものは避ける。
- 食べ方：(1)片面だけに衣をつけて、さっと揚げて天ぷらで食べる。
(2)新葉でもやや堅めなので長くゆでて、和え物や油炒めにする。食用よりも薬用が有名で、乾燥したものを煎じて、咳止めなどに利用。
- 用法：①（全草）利尿；1日に5～10ｇを毎食後に煎服する。②（種子）咳止め；1日に5～10ｇを煎服する。

カキノキ（柿の木）かきのき科

　延喜式に熟し柿と干し柿が挙げられていて、日本での柿の利用の歴史は古いらしい。園芸果樹として柿の栽培が始まったのは10世紀以降で、わが国の重要果樹として品種改良が進んだ。
- 形態：落葉性の高木。葉は柄があって互生し、広卵形で基部は丸く先がとがり鋸歯はない。裏は白っぽく光沢がない。雌花は1個つき、雄花は釣鐘状で3個ほどが集まってつく。花期は4～5月、果期は10～11月。
- 分布：本州以南。
- 類似種：チシャノキ（カキノキダマシ）。
- 見分け方：葉はカキノキそっくりの姿をしているが、果実はまったく異なる。果実は、直径4mm内外で、色は橙色。鹿児島県内でも各地の林内に生育する。食用にならない。
- 食用部分：若葉、果実。
- 採取時期：若葉4月、果実は秋。
- 採取方法：若葉は10cmほどに伸びたものを摘み採る。

雌花　　幼果　　4月初旬の柔らかい新葉

温泉に半日漬けて渋をぬく（紫尾温泉）

カキノキダマシの花　　葉がカキノキそっくりのカキノキダマシの果実　　栄養価の高い葉を天ぷらで

●食べ方：(1)葉はあまり衣をつけないで天ぷらに。某TV番組によると、癌予防に効果のあるポリフェノールを多量に含み、ビタミンCはレモンの20倍も含んでいるとのこと。
(2)渋柿の果実は、皮をむいて吊るし柿にする。
《渋柿の渋味の抜き方》(1)多くの家庭で昔よく行った、あおし柿の製法は、①渋柿を容器に入れて、全体が浸る程度に約40℃の湯をはり、しばらくかき回す。②ヤナギタデの全草とわらをかぶせて、湯気が逃げないように容器の口をしっかり閉じる。③まる1日そのままにしておくと出来上がる。
(2)鶴田町の紫尾温泉では、38℃ほどの温泉の湯に渋柿を14〜15時間つけて渋を抜く。その後、1日ほど置くと渋が十分に抜けている。温度が一定で、(1)よりはるかにうまくいき、独特の甘さと色つやの良さで大評判。
(3)柿のヘタに焼酎をつけてビニール袋に入れ、日なたに置くと1〜2日で渋が抜ける。
●用法：(若葉)血圧降下；1日に2gを煎服。

ヨモギ （蓬） 方名フッ　きく科　*Artemisia indica var. maximasizii Hara*

　切り傷を負ったときは、ヨモギの若葉をよく揉み、青汁とともに傷口に強く押し付けて止血をしたものだ。また、川で泳ぐときの耳栓として、揉んだヨモギを耳穴に詰めた。沖縄ではヨモギをよく食べ、店でも売られているという。味噌汁の具にしたり、魚や肉と煮る。漢方では、葉を鎮痛、強壮、止血に用いる。
- 形態：高さ80cm内外の多年草。種子によるほか、地下茎を長く伸ばして繁殖する。秋には1m内外に伸びて細長い葉を展開し、円錐花序に多数の頭花をつける。春先のヨモギをよく知っている人でも、秋の姿を見て、すぐにはヨモギと信じがたいかもしれない。それほどの変わりようである。
- 生育地：市街地、野原、河原などの日なた。
- 分布：本州以南。
- 類似種：特になし。
- 食用部分：若葉。
- 採取時期：2～5月。
- 採取方法：30cmほどに生育したものから、

花は地味　　　　秋の葉は細長い　　　さっと素揚げに

サネンの葉で包んだヨモギ団子

春先に新芽を摘み採る　　　　　　ヨモギをふんだんに使ったふくれ菓子

上部の柔らかい葉を摘み採る。道路脇より、土手の斜面のものが汚されていない。
●食べ方：《下ごしらえ：猪俣笑さん指導》
①ヨモギ2kgに対して大さじ約2杯の重曹を加えてゆでる。②濃い色の汁が出なくなるまで流水にさらす。③少量の水を加えてミキサーにかけ、細かい網目の金網の上にのせて水分を切る。④ビニール袋に入れて冷凍保存する。
(1)《ヨモギ団子：前平照子さん指導》餅米粉200g、前述のヨモギ200g、上白糖150gに少量の水を加えながら手でよくこねて耳たぶほどの柔らかさにする。サネン（ゲットウ）の葉に包んで蒸し器で30分ほど蒸す。竹串で差してみて生地がついてこなければでき上がり。砂糖とヨモギの量は好みできめる。
(2)生のまま、よく洗って天ぷらにするか、衣をつけないで素揚げにする。
●用法：（全草）喘息・健胃・貧血：1日に5〜8gを煎服する。

ツワブキ（艶蕗、石蕗）方名ツワ　　きく科　*Farfugium japonicum Kitam.*

　新芽の時期になると家族そろって、とっておきの場所に「ツワ採り」に出かける光景が見られる。晩秋から冬にかけて、黄金色の美しい花を咲かせるので、庭園などにも好んで植栽される。屋敷の隅に栽培されている大型のツワブキよりも、野生のツワブキがうまい。花の時期に生育場所を確認しておくとよい。
- 形態：太い根茎から長い柄をもつ葉を出す。葉身は光沢があり、腎円形で縁には少し凹凸がある。黄色い頭花は直径約5cmで、中央に管状花、周囲に舌状花が並ぶ。
- 生育地：沿岸地の斜面や草原に多い。
- 分布：東アジア、本州以南。
- 類似種：カンツワブキ。
- 見分け方：屋久島固有種なので他所で目にすることはないが、感じが似ている。葉はハート形で、葉縁に鋭い二重鋸歯がある。食用になる部分はないようである。
- 食用部分：若い茎。
- 採取時期：2〜5月。

舌状花は一重に並ぶ

屋久島固有のカンツワブキ

佃煮にして保存食に

煮物によく合う

綿毛に包まれた新芽

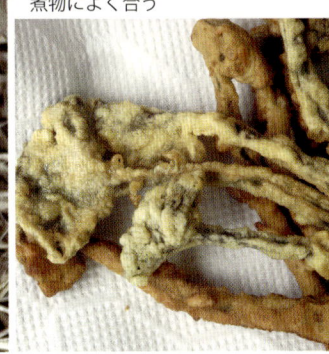
採りたての新芽を天ぷらに

●採取方法：綿毛に覆われた新しい葉柄を、途中から折れないように根元近くをしっかりつかんでじんわりと引き抜く。ススキの茂みなどでは日光を求めて伸びるため、太くて50cm以上にも達するものが採取できる。葉柄の途中が膨らんでいるのは虫が宿っているので硬くて食べられない。

●食べ方：⑴《佃煮：横山千鶴子さん指導》①ツワブキ500gの皮をむき、塩を少々加えて5分くらいゆでたものを3～4cmに切る。②醤油1/2カップ、砂糖大さじ2、酒・みりん各1/3カップを加え、始めは弱火、後は中火で汁がなくなるまで煮詰める。
⑵あく抜きした葉柄を、筍と卵とじにすると最高。
⑶綿毛をいっぱいつけた、高さ10cm内外のごく若いものを採り、天ぷらにする。毛はついたままでもよく、独特の香りと甘みがうまい。

●用法：（茎・葉）解毒；1日に10～20gを煎服する。

ノゲシ（野罌粟）きく科　*Sonchus oleraceus* L.

　春になると、よく人目につくようになる大型の野草で、肥えた土地に生えているものは大株になって、軟らかく、まさに野菜そのものである。植物を傷つけると白い乳液が出て、乾くとべとつく。兎や山羊の大好物である。きく科の花は頭花とよばれ、多くの花が集まって1個の花のように見える。管状花と舌状花があり、舌状花では5枚の花弁が合着して1枚の花弁のように見える。

●形態：高さ80cm内外になる2年草。秋に発芽して、ロゼットで冬越しをする。茎は直立していて太く、中空なので指で軽くつまんでも簡単につぶれる。茎には縦に稜があり、葉は互生する。葉の裂片には不ぞろいの鋸歯があり、基部が茎を抱く形になっていて耳状に突き出る。葉は柔らかくて、不規則な羽状に切れ込む。春から花が咲いているので、ハルノノゲシの別名があるが、通年で咲いている。頭花は、多数の舌状花だけからできている。

●生育地：日なたの荒地、道端、堤防など。

葉は無柄で茎を抱く 　　頭花は舌状花が多数集まっている 　　内側の葉を摘む

苦味を楽しむお浸し

葉に柄があるアキノノゲシ 　　アキノノゲシは舌状花が一重に並ぶ

葉縁の鋸歯が鋭いオニノゲシ 　　天ぷらで食べる

● 分布：欧州原産、日本全土に広く分布。
● 類似種：アキノノゲシ、オニノゲシ。
● 見分け方：ノゲシと生育の環境が同じで、混生しているのを各地で見かける。アキノノゲシは、ノゲシに比べて花の色が黄白色と淡く、葉に柄があって茎を抱かない。頭花は、舌状花が外周に一重に並んでいる。オニノゲシはノゲシによく似るが、高さが1m超とより大型で、葉の縁が不規則な歯状の棘になっていて、触れると痛い。いずれも同様にして食べられる。
● 食用部分：新芽、若葉。
● 採取時期：1～4月。
● 採取方法：ロゼットから20cmくらいに伸びた新芽や大株の開花前の若い側枝を摘み採る。
● 食べ方：(1)茎葉をゆでて水に浸し、汁の実として食べる。
(2)適当に切って、天ぷら、油炒めで食べる。
(3)ゆでてお浸し、各種の和え物で食べる。

カキドオシ（垣通し）別名カントリソウ（疳取り草） しそ科 *Glechoma hederacea* var. *grandis* Kudo

　路傍や堤防、畑地によく見られ、春を告げる代表的な草で、しそ科に特有の香りをもつ。漢方では「連銭草」とよばれ、胆嚢や泌尿器の結石や糖尿病に用いるという。別名のように、民間では小児の疳に効くとされる。最近の健康食ブームにのって、茎や葉を乾燥させて細かくしたものが、「かんとり草茶」とか「かきどおし茶」と称して、各地の特産品売り場などで、袋詰めして売られているのを多く見かけるようになった。お茶代わりに飲めば健康維持、ダイエットなどに良いと書かれている。

●形態：茎の断面は四角形で、長さ１ｍ以上にもなって、茎から根を下ろしながら地面を這う。所々から起き上がっている枝は高さ20cm内外。葉は対生し円腎形で、縁に浅い鋸歯がある。花弁は淡紅色の唇形で、下唇には紅紫色の斑紋がある。

●生育地：荒畑や土手、草地などの日なた。
●分布：日本全土に広く自生。

茎は四角形で鋸歯は丸い

芳香が強い掻き揚げ

天ぷらでも香りを楽しむ

4月に花が咲く

茎が丸いせり科のツボクサ

お浸しでいただく

- 類似種：ツボクサ（せり科）。
- 見分け方：葉はよく似ているが、ツボクサは節ごとに長い柄のある腎臓状円形の葉が2〜3枚つき、質は厚い。花は白っぽくて小さい5弁花で目立たない。ツボクサの茎は丸い。食用にはしない。
- 食用部分：若葉、若い茎。
- 採取時期：4〜5月。
- 採取方法：若くて柔らかい茎や葉を手で摘み取る。花は茎についたまま採取する。
- 食べ方：(1)塩一つまみを加えた熱湯でゆでて水にさらし、小さく刻んでゴマ和えなどの和え物にして食べる。
(2)ころもを薄くつけて、天ぷらにして食べる。
(3)乾燥させた全草を袋に入れて、3カ月ほどホワイトリカーに漬けておくと、健康酒ができあがる。
- 用法：（全草）糖尿病・小児の疳；1日に15ｇを3回に分けて煎服する。

ツユクサ（露草）方名チンチロリングサ　つゆくさ科　*Commelina communis* L.

　着草（ツキクサ）の古名で、古くから友禅染に使われた。アオバナ、ボウシバナの別名をもち、現在でも花をしぼって作った青汁は草木染の材料として利用されているが、青紙（友禅染の下絵描きに用いる）には、栽培品種のオオボウシバナが使われるという。花が大きくてきれいである。可憐な花が咲き、食べることなど思いもよらない植物のひとつだが、食べてみると、くせのないあっさりした味である。

●形態：高さ30〜60cmほどになる1〜2年草で、茎は地面を這って広がり、よく枝分かれして斜めに伸び上がる。葉は幅1〜1.5cm長さ6cm内外で先がとがる。夏に、青紫色の花が咲く。花は二枚貝のように合わさった包に包まれている。包は広げると円形になる。花弁は3枚で、2枚は大きくて青色、1枚は小さくて白色。果実は長楕円形で熟すと褐色になり、2つに割れる。

●生育地：荒地や畑、家の周りのやぶなど。

特異な形の花

花も一緒に摘む

ゆでた若葉

マルバツユクサは葉縁が波打つ

トキワツユクサ

天ぷらがおいしい

- ●分布：日本全土に広く自生。
- ●類似種：マルバツユクサ、トキワツユクサ。
- ●見分け方：マルバツユクサは全体に毛が多く葉縁が波打っており、花はぐんと小さい。トキワツユクサは全体の感じがツユクサによく似ているが、花は白くて形が異なる。前者は食べてみてもよさそうに思えるが、まだ試してはみない。
- ●食用部分：新芽、若葉、若い茎。
- ●採取時期：3～6月。
- ●採取方法：新芽を摘み採る。
- ●食べ方：(1)ゆでて水にさらし、お浸しやゴマ和え、酢味噌和えに。
(2)生のまま、天ぷらにする。
- ●用法：花の時期に全草を採取して水洗いし、天日で十分に乾燥させる。煎じて飲めば、利尿、リウマチ、あせも、かぶれに効くという。①解熱：1回に4～6gを煎服する。
②下痢：1日に10～15gを煎服する。

ミツバ（三葉）方名ミッバゼイ　せり科　*Cryptotaenia canadensis DC.*

　吸い物に浮かべたり、お浸しにして食べたりと用途は多く、スーパーでは栽培物と思われるものが小さな束にして売られている。昔から親しまれた植物だが、香りは栽培物より野生のものが高い。山水の流れているような場所に、自分だけの採集地を見つけておくと良い。

●形態：高さ60cm内外になる多年草。葉には長い柄があり、3出複葉で縁に鋸歯がある。花は白く小さくて集まって咲く。果実は長楕円形。根茎は太い。
●生育地：川岸や道端、野原などの湿地。
●分布：日本全土に広く自生。
●類似種：キツネノボタン、ウマノアシガタ。
●見分け方：キツネノボタンは成葉になると違いがはっきりしてくるが、若葉のときは似ているので誤食の可能性がある。ミツバは3出複葉のままだが、これは3出複葉の各小葉がさらに3つに深裂する。ウマノアシガタは、全体的には丸形の葉が3〜5に深裂して

野生のものは香りが強い

お浸しに

香り高い白和え

葉が複葉のキツネノボタン（有毒）

葉が深裂のウマノアシガタ（有毒）　誤採されたらしいキツネノボタン（有毒）　天ぷらもおいしい

おり、柄によって離れてつく形にはならない。両者とも毒草なので、ミツバの葉をもんだ時の香りでしっかり覚えておくと良い。ミツバと勘違いして採取されたと思える痕跡を載せた。
- 食用部分：新芽、若葉、根茎。
- 採取時期：3〜5月。
- 採取方法：新芽は葉柄をつぶさないように、ナイフで根元から切り採る。
- 食べ方：(1)ミツバのすまし汁、茶碗蒸し、卵とじはよく知られるところ。
(2)ゆでて、削り節をかけて食べる。
(3)酢味噌和えで食べる。軟らかく煮てしまわないように、湯から少し早めに出してシャキシャキ感を味わいたい。
(4)根茎を、ごま油と唐辛子をきかせたきんぴらにする。
- 用法：(全草) 消炎・解毒・血行促進；1日に10〜15gを3回に分けて煎服する。

イタドリ（疼取・虎杖）たで科　*Polygonum cuspidatum* S. & Z.

　1955年頃の少年達には、ざら紙に包んだ少量の食塩がポケットに入っている季節があった。それはイタドリの新芽の時期で、皮をむいたイタドリに食塩をつけて噛み、酸っぱさに顔をしかめながら汁を飲み込んだものだ。生梅も塩をつけてかじったが、この場合は親に知れると叱られた。赤痢にかかるとか言われて。イタドリは採取に適した期間が短くて、すぐに親株になってしまう。当時は、生食以外の利用法は知らなかった。

●形態：高さ2.5mほどになる雌雄異株の多年草。崩れたりして日当たりが良くなった場所に一番乗りする植物のひとつ。茎は緑色か紅色の円柱状で中空。葉は柄があって、長さ10cm内外の広卵形～卵状楕円形で、基部は切形で先はとがる。8月頃白花を円錐状に多数咲かせる。果実は卵状楕円形で3稜がある。花が赤色のベニイタドリがやや稀にみられ、メイゲツソウ（明月草）の別名で呼ばれる。

●生育地：日当たりの良い野山や土手など。

高さ2m超の群落をつくる

開葉した新芽

花の形は複雑

ごま味噌をかけて酸味を味わう

翼のある果実

ベニイタドリ

炒めて食べる

- 分布：本州〜奄美大島に分布。
- 類似種：本州北部以北にオオイタドリ。
- 食用部分：新芽、若い茎。
- 採取時期：3〜5月。
- 採取方法：開葉前の20〜30cmに伸びた茎を、しごきながら軽く曲げて折れる所から折り採る。
- 食べ方：《下ごしらえ》皮をむかずによくゆでて、水に浸す。茎の上部と下部は硬さが異なるので、別々にゆでる。

(1)マヨネーズや三杯酢、酢味噌など好きなタレを使って食べると、蓚酸による酸っぱさと相まっておいしい。
(2)煮物に、他の材料とともに使う。
(3)若葉を味噌汁の具にする。
(4)若芽がたくさん採れたら塩漬けにして保存する。塩抜きして削り節と醤油で食べると、酸味とぬめりを楽しめる。

- 用法：（根茎）便秘：1日に8〜10gを3回に分けて煎服する。

クコ（枸杞）　なす科　*Lycium chinense* Mill.

　40年ほど前に、一度ブームになったように記憶している。たしかクコ茶がはやりだった。今では栽培から逸出したものが、人里のやぶや側溝、石垣などに普通に見られる。赤く熟れる果実は、そのままでも少し甘味があるが、干して水分を半分ほど飛ばしたものは苦味が消えて甘味が増す。サラダをはじめとしていろいろな料理に利用されている。
- 形態：通常高さ1.5mほどになる半つる性の落葉低木。葉の脇や枝先に棘がある。葉は互生するが大部分は枝先に集まっている。夏に淡紫色でナスに似た花が咲き、秋に楕円形で長さ1.5cm内外の果実が赤く熟する。
- 生育地：林縁、やぶかげ、里の石垣など。
- 分布：中国原産で、本州以南に帰化。
- 類似種：特になし。
- 食用部分：若枝、若葉、果実。
- 採取時期：枝葉3〜5月、果実10〜11月。
- 採取方法：新芽は先端10cmほどを手折る。葉と果実は手でていねいに摘み採る。

9月頃は花と果実が共にある

お浸しにする

サラダに混ぜる

茎をしごいて葉を採る　　半乾燥の果実（市販品）　　菜飯に混ぜても（南薩少年自然の家で）

●食べ方：《下ごしらえ》若枝と若葉は、塩を加えた熱湯でさっとゆでる。流水につけて色良い仕上げにする。ゆですぎないように注意する。
(1)《お浸し》食べやすい長さに切って、かつお節と醤油で食べるとおいしい。
(2)《クコ飯》①葉を幅1cmほどに刻んで、少量の食塩をふって両手でもむ。②しんなりしたら水洗いしてあくを抜く。③もう一度かるく食塩をふって、炊きあがったご飯の上に広げ、よく蒸らしたあと混ぜ合わせる。
(3)《クコ茶》茎と葉を細かく刻んで乾燥させたものを、お茶代わりに飲むと、強壮、解熱、利尿、高血圧に薬効があるという。
(4)干した果実は、サラダなどに入れると彩りもよくおいしい。味噌汁に入れてもよい。
●用法：①（葉）血圧降下；1日に5〜10gを3回に分けて煎服する。②（果実）疲労回復；200gを焼酎1.8ℓに漬けてクコ酒として服用。

ヤブカラシ（薮枯らし）ぶどう科　*Cayratia japonica* Gagnep.

　繁殖力が旺盛で、またたく間に生長して他物の上に広がって日光を独り占めする。これに覆われたら、その下になったやぶは枯れてしまうのではないかと気遣いしてついた和名である。別名をビンボウカズラ（貧乏蔓）というが、家の周囲がこれに絡まれているようでは暮らし向きは楽でなかろう、と憶測したのであろう。山羊を飼っていた時期があったが、生葉には臭みがあるにもかかわらず、山羊の大好物だった。しかし、これを食べさせた後にしぼった乳は、やや渋味があって臭かったのを覚えている。

- 形態：空き地のやぶやフェンスなどを這って盛んに伸びるつる性多年草。巻きひげは葉に対生し他物に絡みつく。葉は長い柄があって互生し、5枚の小葉に分かれている。夏に薄緑色の4弁花が集まって咲き、のち球形の果実が黒熟する。
- 生育地：草原や道端などでやぶを覆う。
- 分布：日本各地に広く分布。

葉面に毛のないヤブカラシ

葉面にまばらに毛があるアマチャヅル

6月に摘んだ新芽

蜜で濡れているような花

果実は黒く熟す

お浸しで食べる

- ●類似種：アマチャヅル（甘茶蔓）。
- ●見分け方：1980年頃だったか、アマチャヅルに何か優れた薬効があるとかで、全国的なブームになったことがあったが、短期間で終息した。その頃、誤って大量のヤブカラシを天日干ししてあるのを、指宿市の民家で見かけたことがある。葉は形が似ているが、ヤブカラシには毛がなく光沢があるのに対してアマチャヅルの葉面には毛がまばらについているので、区別は簡単につく。葉を乾かして健康茶として飲む。

- ●食用部分：新芽、若葉。
- ●採取時期：4～5月。
- ●採取方法：枝から芽をかいて採る。
- ●食べ方：少し長くゆでて、十分に水にさらすと、生のときの臭みが消える。和え物、お浸しにすると、わずかにぬめりがあって歯ざわりが良い。
- ●用法：（根）①浮腫：20～30gの煎液で冷湿布する。②（利尿）：1日に10～15gを煎服する。

アマドコロ（甘野老）ゆり科　*Polygonatum odoratum* var. *pluriflorum* Ohwi

　ニコチン酸などを含み、滋養強壮・疲労回復・美肌・筋肉痛・神経痛などに効果があるという。アマドコロの茎は角（かど）ばり、類似種のナルコユリは丸いので、「角ドコロと丸コユリ」と覚えるとよい。和名は、やまのいも科のトコロに似て、甘味があることによるとか。フイリアマドコロは園芸用に栽培、切花に使用。
●形態：山地や野原に生育する多年草。節間が短く、太くて長い地下茎が地中を這う。茎は高さ60cm内外で角張っている。葉は幅3cm長さ10cm内外の長楕円形で、裏が白みを帯びる。4～5月に、葉の脇に緑白色で長さ2cmほどの花が1～2個ずつ垂れて咲く。
●生育地：草原、山麓、丘のやや湿った日陰。
●分布：日本全土に広く自生。
●類似種：オオナルコユリ（大鳴子百合）、ホウチャクソウ（宝鐸草）。
●見分け方：オオナルコユリは感じがよく似ているが、茎の断面が丸いので、触ってみればすぐ分かる。茎は80cm内外と高く、葉

栽培されるフイリアマドコロ

オオナルコユリの群落

オオナルコユリの花

ホウチャクソウの花（有毒）

ホウチャクソウの果実（有毒）

オオナルコユリの果実

は披針形で、花は3～5個がまとまって鳴子状に下がってつく。やや小ぶりなナルコユリもあり食べられる。ホウチャクソウは高さ60cm以下で根茎が短く、茎の上部が枝分かれする。葉は広楕円形で、枝先に1～3個の花が垂れてつく。宝鐸とは、寺院の軒先にぶら下がっている飾りのこと。黄花もある。毒草なので要注意。
- 食用部分：若芽。
- 採取時期：3～4月。
- 採取方法：赤味がかったはかまから、緑色の芽らしきものが出てきた頃に、基部から切って採る。葉が数段開葉してからでは遅い。
- 食べ方：(1)苦味がないので、さっとゆでて、シソの葉や、海苔で巻いたり、お浸しにしたりして食べると、上品な味がしておいしい。(2)天ぷらや、パン粉をつけてフライにする。(3)味噌漬けにする。
- 用法：(根茎) 滋養強壮；1日に5～10gを3回に分けて煎服する。

ヤブカンゾウ （薮萱草） 別名オニカンゾウ （鬼萱草） ゆり科　*Hemerocallis fulva* L. var. *kwanso* Regel

　カンゾウのなかまの別名「ワスレグサ」は、花を見て憂いを忘れたという中国の故事からという。全国版の図鑑で必ず目にするニッコウキスゲや、吉松町で開催される「観る夕べ」の主人公たるユウスゲなどが仲間である。
- 形態：長さ50cm内外の多年草。葉は幅2cm内外の線形で2列に抱きあって並ぶ。夏に1m内外に伸びた花茎の先に、花弁に褐色の斑の入った八重咲きの一日花を10個ほど交代で咲かす。
- 生育地：野原や河原、田畑の土手。
- 分布：中国原産。全国。
- 類似種：ノカンゾウ、トキワカンゾウ、ユウスゲ（別名キスゲ）。
- 見分け方：類似種の花が一重咲きなのに対して、ヤブカンゾウは単子葉類では珍しく八重咲き。ノカンゾウは鹿児島県には自生しない。見かけるのは栽培品である。県本土各地で8月頃から田の土手などに群れて咲くのはトキワカンゾウ。葉が冬も枯れないことから、

ヤブカンゾウ

トキワカンゾウ

ヤブカンゾウは葉が広い

さっとゆでて酢味噌で食べる

ヤブカンゾウの花は八重　トキワカンゾウの花は一重　ユウスゲの花　天ぷらもおいしい

「常緑の」を表すトキワがつく。これらはよく似ているが、花弁が、ノカンゾウが全体黄橙色、ユウスゲが黄色なのに対して、トキワカンゾウは濃い褐色の模様が入る。またヤブカンゾウの葉の幅は、トキワカンゾウやユウスゲの倍以上ある。どれも同様に食べられる。
- 食用部分：新芽、つぼみ、花。
- 採取時期：若葉２～４月、花は７月頃。
- 採取方法：新芽はぬめりの強い液体に包まれているので、10cm内外に伸びたものを、ナイフで根元から切り採る。つぼみや花は手でていねいに摘み採る。
- 食べ方：《下ごしらえ》十分に土を洗い落として、短時間ゆでて冷水につける。抱きあっている葉を離さないように扱う。
(1)酢味噌和えや浸し物として食べる。歯ざわりがよく、香りと甘味が上品でおいしい。
(2)衣を軽くつけて、天ぷらにする。
- 用法：（根・蕾）解熱・利尿；１日に５～10ｇを煎服する。

スギナ（杉菜）方名マツバグサ（松葉草） とくさ科　*Equisetum arvense L.*

　シダ植物の一種で、畑や花壇に侵入されると、根絶困難な雑草のひとつ。早春に地下茎から出る筆の穂先状のものは胞子茎で、昔から**ツクシ**と称して親しまれ、その形から「土筆」の漢字が当てられている。
●形態：針金状の細い根茎が地中を這っていて、所々から30cm内外の緑色の地上茎が出る。その節々から小枝が輪生していて、葉は退化して目立たない。早春に、この地上茎に先立ってツクシが出る。

●生育地：田畑の土手や河原などの日なた。
●分布：屋久島以北に分布。
●類似種：トクサ、イヌトクサ。
●見分け方：トクサは全く枝を出さずにスッと立ち、頂上に胞子穂をつける。イヌトクサはトクサとスギナの中間的な形をして、節から小枝がまばらに出ており、幼株はスギナに似る。トクサとイヌトクサはスギナのような独立した胞子茎はできず、胞子穂が茎の頂上につく。

スギナは多く枝分かれする 　　スギナの胞子穂（ツクシ） 　　筍と煮付けに

トクサは枝分かれしない 　　イヌトクサはスギナとトクサの中間型　　コリコリしておいしい佃煮

ツクシの卵とじ

- ●食用部分：胞子茎。穂が硬いうちが良い。
- ●採取時期：2〜4月。
- ●採取方法：胞子茎を根元から摘み採る。
- ●食べ方：《下ごしらえ》「はかま」と呼ばれる部分と胞子穂は取り除いたほうが良い。さっと湯がいてアクを抜いておく。アク抜きせず、苦味を楽しんでもよい。

(1)《佃煮：堀切トメ子さん指導》湯がいたツクシを鍋に入れ、みりん、薄口醤油、砂糖、削り節を好みの量加え、煮詰める。ツクシそのものは無味無臭なので、調味料しだいでどのような風味にもなり、コリコリした歯ざわりが良い。

(2)卵とじにすると大層おいしい。

(3)保存しておいたモウソウチクの筍との煮付けもおいしい。袴を除いて、天ぷらにも。

(4)セリとともにお浸しに。油炒めにして砂糖や醤油で味付けして食べるのも良い。

- ●用法：（地下茎）利尿・咳止め・解熱；1日に3〜10gを煎服する。

ワラビ（蕨）わらび科　*Pteridium aquilinum var. latiusculum* Underw. ex Heller

　蕨がりは、絶好の家族のレクリエーションである。だいぶ以前に、発癌性物質を含むといわれたことがあるが、山菜として楽しむ程度の量なら心配ないということで落ち着いて、今に至っている。昔は根茎からデンプンを作ったというが、大変なことだったろうと思う。ワラビ粉とかカタクリ粉と称して販売されているデンプンは、実際にはジャガイモデンプンが多いらしい。

●形態：地下茎が深い所を這って広がるシダ植物。葉は高さ80cm内外で、葉柄は太くて光沢がある。葉面は5角形に見える、2回羽状複葉。小羽片の縁は滑らかで、胞子嚢群は葉縁の折れ曲がりの中にある。新芽の頃だけワラビとつきあって、成葉を見ても、ワラビと分からない人が結構おられるのかも…。
●生育地：日なたの平地や野焼きをした丘。
●分布：日本各地に広く分布。
●類似種：特になし。
●食用部分：新芽。

栄養葉はこんな姿 　食べごろの新芽 　灰汁でゆでたワラビ

白和えはぬめりがあっておいしい

新芽はポキンと折ってとる 　煮付けの材料として使う

● 採取時期：3～5月。
● 採取方法：地上に30～50cmほど伸び出た若い葉柄の下部を、人差し指と親指で軽くはさんで、少し曲げながら上部へしごいていくと、食べるのに適した所で折れる。
● 食べ方：(1)《漬物；福丸絹子さん指導》①重曹を使ってあく抜きする。②保存がきくように、酢を少し多めに加えた三杯酢に、ショウガ、にんにくスライス、唐辛子、ごま油などを加えて漬け込む。
(2)重曹か木灰をまぶして熱湯をかけ、一晩おいてから水にさらす。酢醤油や三杯酢で。
(3)《たたきワラビ》よくゆでたものを刻み、まな板上で包丁の背を使ってたたき、とろろ風にして、三杯酢で食べる。
《保存法》①塩漬けにしておく。塩抜きして使う。②重曹と熱湯を加えて1時間ほどあく抜きしたものを、水洗いして冷凍しておく。
● 用法：(全草) 利尿・はれもの：1日に10～15gを3回に分けて煎服する。

ゼンマイ（薇）ぜんまい科　*Osmunda japonica* Thunb.

　鹿児島県でもよく食べられる山菜のひとつだが、ワラビほどには食べられていないようだ。食卓にあがるまでの処理が面倒がられるのだろうか。シロヤマゼンマイなど、ゼンマイのつくシダは多いが、食べるのはこれだけのようだ。根をラン類の栽培用に、秋田県では綿毛を織物に利用するという。
- 形態：大型のシダ植物。早春に、子孫をつくるはたらきの胞子葉が出て、同時にあるいは少し遅れて、光合成をするための栄養葉が出てくる。栄養葉は多くの小葉に分かれた羽状複葉である。ワラビ同様、新芽と生長しきった姿とは、ずいぶん印象が違う。採った物をすぐ食べず、いったん乾燥ゼンマイにする。
- 生育地：林縁の斜面などの半日陰地。
- 分布：日本全土に広く自生。
- 類似種：特になし。
- 食用部分：新芽。栄養葉はすべて、胞子葉は葉柄部分のみ。
- 採取時期：3～4月。

光合成をして栄養分をつくる葉

綿毛に包まれた新芽（栄養葉）

水に戻した乾燥ゼンマイ

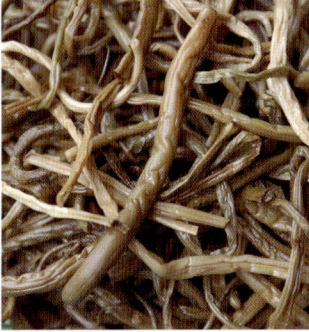

子孫を残すための胞子葉

筍やツワブキ等との煮付け

●採取方法：新芽の下部を親指と人差し指で軽くはさみ、葉柄を少し曲げながら上にしごいていくと、食べるのに適した場所でプツンと折れる。ほとんどのシダ植物の地上部はそれぞれが1枚の葉で、茎は地下茎となっているので、茎のような地上部分はすべて葉柄である。胞子葉は、ゼンマイ部分は取る。
●食べ方：《下ごしらえ：猪俣笑さん指導》①綿毛を除く。巻いた部分が取れてしまってもかまわない。②草木灰か重曹を加えてゆでてアクを抜く。③ゆでたものを、できるだけ回数多くもみほぐし、ひっくり返しながら日光で乾燥させる。3日くらいはかかる。④料理に使うときは、ぬるま湯につけて元の太さに戻す。
(1)ゼンマイだけを食べるのではなくて、いろいろな食材を使った煮物の材料のひとつとして利用する。
●用法：（葉）①利尿・貧血：1日に5～10ｇを煎服する。②催乳：干しゼンマイの味噌汁を食べる。

57

モウソウチク（孟宗竹）方名モソダケ　いね科　*Phyllostachys heterocycla* Mitf.

　さつま町宮之城は竹林・竹工芸品の町として有名で、よく管理された山で収穫される全国一の早掘り筍は、都会の料理屋で人気が高い。皮には紫褐色の斑点が多数見られ、広げると幅40cm長さ50cm近くあり、チマキを包んだり、工芸品の材料に利用したりと用途は広い。昔は皮を使ってタカンバッチョ（農作業時にかぶった傘状の帽子の方名）が作られた。シュロの繊維で作られた蓑（みの）とセットで使用されることが多かった。

● 形態：最も大型の竹で、高さ20m直径20cmほどになる。葉は幅1cm長さ10cm内外の披針形。1年中葉がついているが、たえず新しい葉と入れ替わる。中国原産で、日本には1736年に入ったという。薩摩藩主島津公の邸宅であった鹿児島市磯の仙巌園には、日本一古い竹林が保存されている。
● 生育地：里近くの一角に純林が見られる。
● 分布：関東以西〜沖縄で栽培。
● 食用部分：筍。

筍の全形と断面

塩漬けにした筍

他の山菜との煮付けに

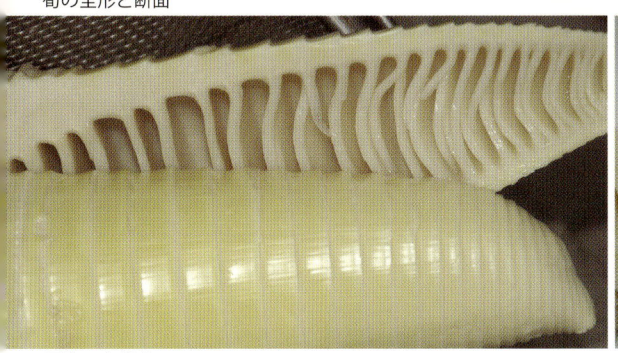

灰汁でゆがく

ゆでたてを酢味噌で食べる

●採取時期：3〜4月。
●採取方法：地上部が30cm以下の頃に、筍の周囲の土を山鍬で掘って除き、地下茎の少し上付近から切り離す。太くて、頭部のとがった部分が緑色より黄色のものがおいしい。
●食べ方：《下ごしらえ》米のとぎ汁や糠を加えてゆで、一晩おく。その後水に漬ける。
⑴筍の刺身と称して、酢味噌をかけて食べる。
⑵《塩漬け：猪俣笑さん指導》①熱湯で十分にゆでる。②筍の重さの約1割量の食塩を均等にまぶして、重いおもしをのせる。しみ出てくる水の量が増えなくなったら水を捨てる。③水が出てこなくなるまで、食塩を足しながら、数回繰り返す。④適当な大きさに切って、天日干しする。天日干し中に硬くなることはない。保存の場所はどこでも構わない。
⑶一昼夜、水にもどして塩抜きしたものを、繊維にそって千切りにし、きんぴら風にゴマ油で炒める。
⑷生の筍を、他の野菜との煮付けにする。

筍料理を楽しめる期間が長いホテイチク

節間のふくらみが布袋さんのお腹のよう

ジャガイモや豚肉との煮付けがうまい

甘辛く煮たホテイチクの佃煮

竹のなかま

　モウソウチクの筍料理を存分に楽しんだあと、しばらくすると、小さな筍の季節が訪れる。大量に入手したら、ゆがいて冷凍保存を。

■**ホテイチク**（布袋竹）方名コサンダケ
Phyllostachys aurea Carr. ex A.C.Riviere
●形態：直径4cm 高さ5mほどで稈の基部が膨らむのを、七福神の布袋さんのお腹と見た。筍は苦味がなく、採ってすぐ使えるので、最も一般的。皮には毛がなく、暗い斑紋がある。

■**カンザンチク**（寒山竹）方名デミョダケ・ダイミョウダケ（大名竹）*Pleioblastus hindsii Nak.*
●形態：直径5cm 高さ5mほどで、枝が多くて上向きに伸びる。筍の皮は緑色か褐色で斑紋がなくて細い毛が多く、葉は長さ25cm内外で幅が狭く細長い。

■**マダケ**（真竹）方名カラダケ（唐竹）
Phyllostachys bambusoides S. & Z.
●形態：6月頃に店に並ぶ。筍の皮は無毛で暗い斑紋がある。葉は幅2cm 長さ15cm内

皮が緑色のカンザンチク

カンザンチクの葉は細長い

カンザンチクの炊き込みご飯

カンザンチクに味噌を塗って弱火であぶる

外の披針形で、裏が白っぽい。稈は物干し竿などとして広く利用されている。小枝は中空で、穴のあいていないハチクと区別される。

■シカクダケ（四角竹）
Tetragonocalamus quadriangularis Nak.
●形態：稈は四角形で、枝は節ごとに3本ずつ出て、節にはとげ状の突起が多数ある。筍は11月頃に出ておいしい。

■カンチク *Chimonobambusa marmorea* Mak.
●形態：直径1cmほどで生垣に仕立てられる。

●採取時期：ホテイチク4〜5月、カンザンチク5〜6月、マダケ6月、シカクダケ秋。
●採取方法：地上30cmほどに伸びてきたものを、押し倒して折るか鎌で切り採る。
食べ方：(1)生を笹がきにして油で炒め、醤油で味付けし、といた卵をかけて炒める。
(2)笹がきにして、味噌汁の具に。
(3)煮付けにする。
(4)皮つきのまま縦半分に切って、味噌をぬってあぶって食べると、とてもおいしい。

カンチクの群落

物干し竿に使うマダケは筍も太い

シカクダケの群落

シカクダケの若竹

6〜7月頃出回るカンザンチクの筍

4〜5月に多く収穫されるホテイチク

直径1cmと細いカンチク（11月頃の寒期に採れる）

食べる部分の多いホテイチク

コリコリしておいしいカンチク

11月に収穫したシカクダケ

干したマダケの煮付け

5月頃作るマダケの煮しめはおいしい

タラノキ （楤の木）方名ダラ・タラ　うこぎ科　*Aralia elata Seem.*

　タラの芽の天ぷらは多くの人に好まれ、最近はメダラが栽培までされて、天ぷらにしてスーパーで売られている。心がけていると、冬以外は野生のものを採取できる。私は車にいつも高枝鋏をのせていて、野山歩きの際に見つけたらいつでも採れるように準備している。
- 形態：高さ３m内外になる落葉小高木で、植物全体に鋭いとげがある。とげが極端に少ないものはメダラ。葉は２回羽状複葉。夏に開花し、果実は秋に黒く熟して甘みがある。
- 生育地：林縁や崩壊地などの日なた。
- 分布：日本全土に広く分布。
- 類似種：カラスザンショウ（烏山椒）。
- 見分け方：初めて採りに出かけた人が誤って採取するのは、大概はこれ。幹にとげがあるので、タラノキと思い込んだもの。葉は１回羽状複葉で、タラノキと形が異なる。知人からこれの若葉を大量に贈られた経験がある。
- 食用部分：新芽や15cmほどまでの若葉。
- 採取時期：３〜５月、心がければ秋まで

とげのないメダラ

タラノキの冬越しの姿

このくらい大きくても大丈夫

メダラの樹形

とげがあって似るカラスザンショウ

タラの芽の素揚げ

●採取方法：幹をゆっくりたわめて、枝の頂上部についている新芽の部分を根元からもぎ採る。30cmほどに葉が展開したものでも、細かく刻んで天ぷらにすれば、結構いける。
●食べ方：《下ごしらえ》小さな虫がついていることが多いので、一度さっと熱湯をかける。(1)タラの芽といえば何といっても、衣を薄くつけて、天ぷらで食べるのが最高。素揚げも良い。基部の太い部分に、包丁で2～3カ所切れ目を入れておくと、均等に揚がる。
(2)味噌と油で炒める。味噌をつけて焼く。
(3)お浸し、ゴマ和えにする。
(4)《宮下シズさん指導》つのんこ（葉が開いていない、長さ5cmほどの頃の芽立ち）に重曹をふりかけて、さっとゆでると緑色が鮮やかになる。これに酢醤油をかけて食べると最高。
●用法：（根皮）糖尿病：1日に3gを3回に分けて煎服する。

ウド（独活）うこぎ科　*Aralia cordata* Thunb.

　アスパラガス同様に、新芽に土をかぶせて白化したものが売られているので、食べたければ入手は簡単。野外では、生育しきってから目につく場合が多く、理想的な状態のものはなかなか手に入らない。昔から、見掛け倒しを「ウドの大木」というが、そのウドは草本植物である本種のことではなく、小笠原諸島の母島などに生育する大木をさしているとのことだが、混同して記述されている場合を多く見かける。根は発汗・解熱剤として用いられるという。採取に最適な時期のものに出会うのは難しいので、成長しきったものや冬枯れを発見したらおぼえておいて、来春訪れるとよい。

●形態：高さ1.5m内外になる多年草。葉は、大型の2回羽状複葉で葉柄が長く、互生する。両面に毛が多く、縁に細かい鋸歯がある。花は夏に咲き、茎の先や葉の脇に、薄黄色で3mmほどの小花が球状に集まった花序を多数つける。秋に直径3mmほどの黒熟した果実が球

同じ科のヤツデにそっくりの花　　熟すと甘味がある果実

4月に収穫した芽立ち

さっとゆでて酢味噌をかけて

5月の姿　　冬枯れの姿（栽培より写す）　　コリコリしておいしい皮のきんぴら

形に多数集まった姿は、花とともに同じ科のヤツデにそっくり。果汁には甘味がある。
- ●生育地：山道の斜面下や道路わきなど。
- ●分布：北海道〜九州本土に分布。
- ●類似種：特になし。
- ●食用部分：若葉、若い茎。
- ●採取時期：3〜4月。
- ●採取方法：その場に残っている、去年の枯れた茎をさがすと見つけられる。少し頭を出した新芽の周囲の土をのけて、ナイフを地面に差し込んで切り採る。
- ●食べ方：(1)太った新芽なら、採れたてのものに味噌をつけて食べたり、酢味噌和えにしたりして食べる。
(2)やや育ちすぎたものは、重曹を加えて軟らかくなるまでゆでて酢味噌和えなどで食べる。
(3)皮は細く切ってきんぴらにして、ゴマ、唐辛子を振りかけて食べる。
- ●用法：（根茎）頭痛・歯痛・めまい；1日に15gを3回に分けて煎服する。

クサギ（臭木）方名クサッ　**くまつづら科**　*Clerodendron trichotomum Thunb.*

　葉をむしると、悪臭とまではいわないが独特の強い臭いがある。間違いなくクサギだとわかる安心の臭いだ。ゆがいたり日に干したりすると、臭みが完全に消えて、かわりに香ばしくなるから不思議だ。大々的に紹介されることはないが、旨さを知っている人はクサッナ（臭木菜）と称して、季節が訪れると必ず食しておられる山菜のひとつである。

- 形態：高さ3m内外の落葉の小高木。葉は幅10cm長さ15cm内外の卵形で先がとがる。7～9月頃、萼が赤色で花弁が白色の花が咲き、10～11月頃赤紫色の萼に青紫色の果実がついていて美しい。
- 生育地：林縁や道路わきなどの日なた。
- 分布：日本全土に広く分布。
- 類似種：アマクサギ（クサギの変種）。
- 見分け方：クサギは葉面に毛がある種類で比較的内陸部に多い。アマクサギは葉面に毛がないか少ないので光沢がある。沿岸地方に多く、低地の人里で見かけるのはこちらが多

10月のクサギの花

11月のクサギの果実

クサギの新芽の油炒め

落葉樹で3mほどになる

ビロード状の毛がつくクサギの葉

新芽を味噌汁に

アマクサギの葉は無毛

クサギの葉の天日干し

クサギをのせた蕎麦（蒲生の新留茶屋）

い。他に違いはなく、同様に食べられる。
- 食用部分：新芽、若葉
- 採取時期：4～5月
- 採取方法：新芽や若葉を手で摘み採る。枝が折れやすいので気をつける。
- 食べ方：(1)《猪俣笑さん指導》①味噌汁の具としてそのまま、または、ゆでて乾燥させてあったものを水にもどして使う。
②新芽を油で炒めて食べる。
(2)《宮下シズさん指導》①つのんこ（5cm内外のつぼみ）に少量の塩をかけて軽くもみ、さっとゆがいたものを味噌汁の具にする。
②コサンダケ（ホテイチク）や揚げ豆腐、コンニャクなどと煮しめにして食べるとおいしい。葉が広がったものは、ゆがいて天日で乾燥させて保存しておいて利用する。
- 効能：(葉・茎)①リウマチ・高血圧・下痢；1日に10～15gを煎服する。②はれもの・痔；15～20gの煎液で患部を洗う。

オカウコギ（丘五加） うこぎ科　*Acanthopanax japonicus* Fr. & Sav.

　昔から薬用として珍重され、若芽をご飯に炊き込んだりして食べられてきた山菜。全国版の紹介本には、ヒメウコギやエゾウコギが出ている。鹿児島県には、この仲間はオカウコギが自生するので食べてみたところ、香りがよく、くせがなくておいしかったので取り上げた。探しても都合よくは現れないが、県内各地の林縁でしばしば見かける。溝辺地内にある「県民の森」内の薬草園では、事務所の近くでオカウコギの植栽を観察できる。自宅の庭にも1本植えておきたい植物のひとつである。

●形態：高さ2m内外の雌雄異株の落葉低木でまばらにとげがある。葉は5枚の小葉に分かれる掌状複葉で、群生したものが互生する。5〜6月頃、黄緑色の5花弁をもつ花が咲く。果実は同じなかまのヤツデに似ていて球形になる。材は貴重材で、家具や琵琶を作る。
●生育地：直射の当たっていない林縁など。
●分布：中国原産。福島県以南。

落葉低木であるオカウコギの樹形 　　　ご飯に蒸らしてウコギ飯に

新芽は柔らかくて光沢が強い 　　　　天ぷらにすると芳香を楽しめる

- 食用部分：新芽、若葉。
- 採取時期：3～6月。
- 採取方法：新芽は塊のまま摘み採り、若葉はとげに気をつけながら枝をゆっくりしごいて採る。
- 食べ方：(1)《ウコギ飯》①芽を洗って刻み、塩をふる。②軟らかくなったら洗って水気を切り、軽く塩をふる。③炊き上がったばかりのご飯の上に広げて蓋をし、蒸れたらご飯とよく混ぜ合わせる。香りが優れている。
(2)ゴマ味噌和えやマヨネーズ和えにするとおいしい。お浸しもよい。
(3)新芽を柔らかい茎ごと天ぷらにする。
(4)バター炒めや佃煮にする。
- 効能：茎や根は強壮に効果があるとされ、根や幹の皮を焼酎に漬けて、うこぎ酒として飲めば効果があるらしい。(根皮) 強壮・疲労回復；1日に5gを煎服する。

ヤマフジ（山藤）**まめ科**　*Wisteria brachybotrys* Sieb. et Zucc.

　4月頃の林縁を歩いていると、ヤマフジのさわやかな甘い香りに包まれる。からみついた樹木の樹冠を覆うようにして茂り、見事な花盛りを楽しませてくれる。人里で、藤棚を作って鑑賞するフジも、野生状態で時々見かけるが、栽培からの逸出品かもしれない。たいがいはヤマフジである。両者はよく似ているが、違いがわかってみると、花の形以外には共通点がないといってもいいくらい、異なっていることに驚かされる。

- 形態：高さ10m内外に達するつる性の落葉木本。葉は9～13枚の小葉からなる羽状複葉で、成葉でも裏に毛を密生する。春に葉の脇から長さ15cm内外の総状花序を垂らす。つるは、下から見て、右巻き（時計回り）に伸び上がる。
- 生育地：山野の林縁。
- 分布：近畿以西。
- 類似種：フジ（別名ノダフジ）、ナツフジ
- 見分け方：ヤマフジは、茎が右巻きで、葉

5月初め頃の花

花の天ぷらは美しく香りがよい

花が緑白色のナツフジ

葉も天ぷらで食べる

は短毛を密生し、長さ20cm内外と短い。花序も短くて長さ15cm内外で、基部から先端までほぼ一斉に開花する。豆果も短くて細毛が密生する。これに対してフジは、つるの巻き方が下から見て左巻きで、葉は長さ30cmほどで若葉には毛があるが成葉は無毛である。花序は長さ60cm内外と長く、花は基部から先端へ向かってしだいに咲きあがる。豆果も50cmほどにはなる。別名は、かつて大阪の野田（現在の大阪市福島区）が、フジの名所であったことにちなむという。ナツフジは、花が緑白色で、葉は13枚内外の小葉からなる複葉で基部に近いほど短くなる。

- 食用部分：若葉、花。
- 採取時期：4～5月。
- 採取方法：若葉と花をしごいて採る。
- 食べ方：(1)生葉を天ぷら、油いために。
(2)花は、天ぷらに。ゆでて各種の和え物に。
- 効能：(種子)下痢；1日に1～3gを空腹時に煎服する。

ハナイカダ（花筏）方名ツッデ　みずき科　*Helwingia japonica* F.G.Dietr.

　70歳過ぎのお年寄りで山菜をよく食べたという人にうかがうと、必ずといっていいくらい話題にのぼるのが「ツッデ」である。葉の特徴から察して、和名はハナイカダだと告げると、「そげん言うとな」と返ってくる。人気者の山菜にふさわしく、食べ方についてはたくさんの方々にご教示いただいた。昔は広く頻繁に食べられていた植物らしく、それなりにおいしいものだろうと期待をふくらませて採集して帰った。

●形態：高さ2.5m内外の雌雄異株の落葉低木。葉は互生し幅4cm長さ8cm内外の倒卵形で、縁には先が長くとがる鋸歯がある。葉は両面とも毛がなく、光沢がある。4〜5月頃に葉面の中央部に花がつくが、普通雄株は数個の3弁花を、雌株は1個の緑色の4弁花をつける。その様子を、材木を組んで人が操るいかだに見立てて和名がついた。雌株の果実は直径6mm内外の球形で黒く熟し、甘味がある。

4月中旬に咲いた雌花

葉は茎をしごいて採る

酢味噌で和える

葉の中央で果実が黒く熟す

干したハナイカダとホテイチクの煮付け

- 生育地：杉植林などの陰湿地内。
- 分布：北海道南部〜大隅半島。
- 類似種：特になし。
- 食用部分：3cmほどに伸びた新芽、若葉。
- 採取時期：4〜5月。
- 採取方法：3cmほどになった新芽を摘み採る。若葉は枝を指ではさんでしごいて採る。柔らかいのでつぶれたり乾燥しないようにビニル袋に収めて運ぶ。
- 食べ方：(1)《猪俣笑さん指導》熱湯でさっとゆでてしぼったものを、油炒めにしたり、味噌汁に入れたりして食べる。
(2)《中尾幸子さん指導》①ウコギ同様の方法で、菜飯にする。②さっとゆでてお浸しや和え物に。③芽を天ぷらや素揚げにして、塩をふりかけて食べるとおいしい。
(3)《宮下シズさん指導》少量の塩を加えてさっと湯がいたものを天日で乾燥させて保存しておく。水に戻して醤油で甘辛く煮たものを、佃煮のようにご飯にのせて食べる。

ユキノシタ（雪の下）方名ミングサ（耳草） ゆきのした科　*Saxifraga stolonifera* Meerb.

　幼い頃は、民家の薄暗い場所の石垣に張り付くようにして生育しているのを見て、訳もなく薄気味悪く感じていた。脚に腫れ物ができたとき、葉を火であぶって傷口に貼ってもらったのを覚えている。花を拡大して見てみると、小さな方の花弁は頰紅をさしたような色合いでとても美しい。民間薬として、中耳炎・腫れ物・かぶれ等に生葉の汁を使うほか、漢方でも解毒・解熱に用いるという。その昔、観賞用・薬用として中国から持ち込まれたものらしい。

●形態：多年草で、短い根茎をもち、糸のように細いストロン（走出枝）を伸ばして広がっていく。不用意に引っぱると抜けてしまう。植物全体に、赤褐色の粗い毛を密生する。長い葉柄に腎臓状円形の葉がつき、葉は肉厚で両面に粗い毛がある。表は暗緑色で斑が入り、裏はやや暗い紫色を帯びる。4〜6月に、20cm内外の花茎に白花が集まって咲く。長さの異なる花弁で「大」の字を構成する。和

日陰の石垣に見かける　　花が似るダイモンジソウ

5月頃咲く艶やかな花　　ダイモンジソウは9月頃咲く　　料理屋でも出される天ぷら

名は、この花弁を雪に見立てたという。
- ●生育地：山地の日陰の湿った岩上。
- ●分布：中国原産、本州以南。
- ●類似種：ダイモンジソウの仲間。
- ●見分け方：ダイモンジソウは、ユキノシタと異なりストロンを伸ばさず、葉にはいくつかの切れ込みがある。霧島の中岳の岩場でも見かける。食用にはしない。
- ●食用部分：葉。
- ●採取時期：3〜5月。
- ●採取方法：根まで採ってしまわないように、葉をそっと摘み採る。密生している毛についている汚れを、洗い流す。
- ●食べ方：(1)天ぷらで食べる。衣は葉の水気をふき取って裏面だけにつけて、低温で揚げる。葉の緑色が退色しないうちに油から取りあげる。
- ●効能：(葉) ①はれもの；生葉をあぶって患部にはる。②中耳炎；生の汁を患部につける。

イワガラミ（岩絡み）ゆきのした科　*Schizophragma hydrangeoides* S. & Z.

　大木の樹皮や岩にからみつくようにして広がっており、初夏になるとアジサイに似た白い飾り花を咲かせているので気づきやすい。若葉にはウリやキュウリに似た香りがあるので、ウリヅルとも呼ばれている。たいして珍しい植物ではないので、一度しっかり覚えておくと、山歩きをしているときなどに目に付くようになる。

- ●形態：落葉のつる性木本で岩や樹木を這い、幹は直径5cm 長さ10mにも達する。葉は対生し、幅8cm内外長さ13cm内外の広卵形で、裏がやや白っぽい。基部はハート形で先端は鋭くとがる。葉の縁にはまばらに浅い鋸歯がある。花弁状の白い萼片は1枚。果実は倒円錐形で10本の稜があり、長さ5mmほどと小さくて、目立たない。
- ●生育地：林内の樹幹や岩の上。
- ●分布：北海道～屋久島。
- ●類似種：ツルアジサイ（蔓紫陽花）、ノリウツギ（糊空木）。

花弁に見える1枚のがく片（装飾花） 　果実は小さくて目立たない 　4月に採取した葉

天ぷらで食べる

ツルアジサイ　ノリウツギの装飾花 　さっとゆでて酢味噌で

ツルアジサイの装飾花

●見分け方：ツルアジサイ（別名ゴトウヅル）は、葉縁に規則的で鋭い鋸歯があり、装飾花の白い萼片は3〜5枚。イワガラミは葉の基部がハート形にくぼみ、ツルアジサイでは円形。イワガラミの茎は、古くなると横に長い皮目が目立つようになり、ツルアジサイの樹皮は、薄く縦にはがれやすいのも区別点。同様にして食べられる。ノリウツギは枝の先のほうに、両性花が高さ30cm近くの円錐花序をなす。つる状にならず、直立する低木で

ある。霧島では多く見かける。
●食用部分：新芽、若葉。
●採取時期：3〜5月。
●採取方法：葉が開ききらないうちに、枝先の新芽を摘み採る。
●食べ方：(1)塩湯でさっとゆでてお浸しに。
(2)ゆでたものをマヨネーズ和え、ごま和え、酢味噌和えなどで食べる。
(3)味噌汁の具にする。
(4)生をそのまま天ぷらにする。

ニワトコ（庭常・接骨木）すいかずら科 *Sambucus racemosa ssp. sieboldiana Hara*

　ニワトコの芽出しは早い。芽を出したばかりのネギ坊主のようなつぼみを採取するのがよいので、本格的な山菜の時期になってから探すのではおそい。独特の芳香があり、マヨネーズ和えは、野菜のブロッコリーに似た味がする。接骨木の語源は、昔、幹や枝の黒焼きが骨折や打撲の薬として利用されたためで、葉を風呂に入れると、ねんざに効果があるという。元来が薬草で、緩下作用があり、食べ過ぎると下痢を起こすことがあるらしいので要注意である。

- 形態：高さ4m内外の落葉の小高木。樹皮は灰褐色で縦に深く裂ける。葉は5〜7枚ほどの奇数の小葉に分かれる。4月頃、白い小花が多数集まって円錐花序をなす。果実は、初夏から暗赤色に熟す。
- 生育地：丘から山にかけての斜面など。
- 分布：本州〜屋久島。
- 類似種：クサニワトコ（別名ソクズ）。
- 見分け方：同じ科なので葉はよく似ている

3月には花が咲く　　　やがて暗赤色に熟す果実　　草本だがよく似たクサニワトコ

もう少し早く採りたかった3月の新芽

山のブロッコリーと呼ばれるつぼみ　　お浸しはブロッコリーの味

が、こちらは樹木にならず多年草。原野に普通に生えている。茎の高さ1mほどで、夏に密たっぷりの小花を咲かせ、果実は秋に赤く熟す。葉を乾かして、浴湯料・外用薬として用いるという。熟した果実は食べられる。
- 食用部分：開葉前の新芽、若葉。
- 採取時期：2～4月。
- 採取方法：ネギ坊主のようなつぼみを採る。
- 食べ方：(1)1分ほどゆでてマヨネーズをつけて食べると、かすかな苦味と独特の芳香があっておいしい。
(2)新芽の塊をほぐして、低めの温度の油で揚げて天ぷらにすると香りがよい。緩下作用があるので、一人2～3芽ほどにとどめたほうがよいという。
(3)ゆでてあく抜きをして、和え物にする。
(4)煮びたし、佃煮、油炒めに。
(5)果実を果実酒にする。
- 用法：(葉・花) 利尿・神経痛・リウマチ：1日に5～10gを3回に分けて煎服する。

サルトリイバラ（猿捕り茨）方名カカラ　ゆり科　*Smilax china* L.

　五月の節句に、米粉の餅をこの葉で包んで蒸して、カカランダゴ（カカラの葉ではさんだ団子）を作る。カシワの葉がふんだんにあれば、柏餅と称するところだが、カシワの樹は鹿児島県では北部の一部にしか生育しない。葉が狭いときは2枚使って両側からはさむが、広い葉では1枚で包む。茎には鋭いとげが多くてよく引っかかるので、さすがの猿もこれにはかなわないだろうと考えてついた和名である。葉を落としてからも、赤い果実がついていてきれいなので、飾り物にして楽しむ人もいる。

●形態：雌雄異株のつる性落葉木本。茎はつる状に伸びて5mほどになり、茎の途中には多くの鋭いとげがついている。葉はほぼ円形で、広いものは長さ幅ともに直径15cm内外になり、長さ2cmほどの葉柄の中ほどに巻きひげがあって、それで他物に絡まりながら伸び上がっていく。葉の脇につく花柄に多数まとまって咲く黄緑色の小花は、拡大して

4月頃の花 　　　10月頃には果実が赤く熟す 　　　ハマサルトリイバラにはとげがない

4月頃につるの先を摘む

サツマサンキライの花

サツマサンキライは葉裏が緑色　　　サツマサンキライの果実は黒く熟す 　　苦味を味わうお浸し

見ると、小さいながらも、ゆりの花に似た形をしていてかわいらしい。
- 生育地：雑木林の林縁や平地のやぶなど。
- 分布：北海道〜種子・屋久。
- 類似種：サツマサンキライ（薩摩山帰来）、ハマサルトリイバラ。
- 見分け方：サツマサンキライの葉は楕円形にちかく、裏が緑色で、果実は赤熟せずに黒くなる。ハマサルトリイバラは、海岸近くに生育する常緑のつる性低木で、植物全体にとげがない。果実は白い粉をかぶった黒色。新芽はいずれも同様にして食べられる。
- 食用部分：新芽。
- 採取時期：3〜4月。
- 採取方法：新芽を先端から約20cm摘み採る。
- 食べ方：(1)ゆでて十分に水にさらし、あくを抜いて、お浸しやゴマ味噌和えで食べる (2)油炒めにする。
- 用法：（塊茎）おでき・にきび・利尿；1日に10〜15gを3回に分けて煎服する。

シオデ（牛尾菜）ゆり科　*Smilax riparia* A. DC.

　俗に山アスパラガスと称されていて、秋田地方では、民謡にもうたわれているほどの、有名な植物とのことである。この植物自体にはくせがないので、何で食べてもよく、さくさく感が味わえる。長野県では、毎年本種の新芽を皇室に献上するという。
- 形態：雌雄異株のつる性多年草で、長さ数mに達する。茎はよく枝分かれし、巻きひげで他物に絡まって這い上がる。葉は卵状楕円形で薄くて光沢がなく、基部は心臓形で裏は緑色をしている。花は黄緑色で花弁は大きく反り、葯は長楕円形で長さ1mm以内。花期は6〜8月頃で、多くの花を多数球状に集めて咲く。単子葉類だが、葉脈は網の目状である。果実は直径1cmほどの球形で黒く熟す。
- 生育地：林縁や草原など。
- 分布：本州以南。
- 類似種：タチシオデ（立牛尾菜）。
- 見分け方：高さ50cmくらいまでは直立するが、のち巻きひげで他物に絡まって、2m

からまって伸びるシオデの茎

7月に採取したシオデの若芽

シオデの花

4月頃直立しているタチシオデ　タチシオデの花

お浸しで食べる

ほどに伸びる。葉のうらは白っぽい。花弁は反らず平開する。花期は5〜6月頃。果実は球形で黒く熟し、白粉をかぶる。ワラビの採れる時期に、吉松町の沢原高原で多く見られる。同様にして食べる。
- 食用部分：新芽。
- 採取時期：4〜5月。
- 採取方法：20〜30cmに伸びた新芽を指でしごいて、自然に折れる所から折り採る。
- 食べ方：(1)お浸しにすると甘い。醤油に浸して食べるとおいしい。
(2)ゆでたての、あつあつのものにマヨネーズをつけて食べると、香りが口いっぱいに広がる。味にくせがなく、さくさく感があっておいしい。
(3)白和え、ゴマ味噌和えなど、何で和えてもおいしく食べられる。
(4)天ぷら、素揚げにして、辛子や塩をかけて食べる。

スイカズラ（吸い葛）別名キンギンカ（金銀花） すいかずら科　*Lonicera japonica* Thunb.

　開花直後の花は純白だが、しだいに黄色がかってくる。別名は、それを銀色と金色に見立てたものである。花からは、上品な芳香が香りたつ。某日、空港近くを車で移動中に、とても良い香りが漂ってきたので、思わず停車して香りの主を探した。スイカズラの花だった。冬の寒さに耐えて常緑なので、漢名をニンドウ（忍冬）といい、茎や葉を風呂に入れると体が温まり、アセモにも効くという。
●形態：常緑または半常緑のつる性低木で、他物を這い上がる。葉は短い柄で対生し、幅2.5cm内外の卵状楕円形で、両面に毛がある。葉は成木では縁の滑らかな単葉が普通だが、若い株では羽状に切れ込んだものも混じり、覚え初めの頃には別種のように思える。夏に、葉の脇に、芳香のある白い花を2つずつ咲かせる。花の基部にたまっている甘い汁を、子どもたちが吸ったことから和名はついた。果実は直径6mm内外の球形で、秋に藍黒色に熟す。

白花が黄色に変わり金銀花

葉が無毛のハマニンドウ

有毛のキダチニンドウ

スイカズラの果実

5月頃、花は蜜をためている

- 生育地：山地や路傍、平地の茂み。
- 分布：日本全土に広く自生。
- 類似種：ハマニンドウ、キダチニンドウ。
- 見分け方：ハマニンドウの葉は幅5cm内外の広卵形で、スイカズラよりはるかに大きく、葉面に毛がなく裏が白っぽい。キダチニンドウは、ハマニンドウに形・大きさともによく似るが、葉面や茎に毛がある。いずれも花はそっくりで、同様に蜜を吸って楽しむ。
- 食用部分：花。
- 採取時期：3～6月。
- 採取方法：しおれていない生き生きとした花を、付け根から摘み採る。
- 食べ方：花を茎から摘み採って萼を除き、花の基部を噛み切って、軽く吸うと蜜の甘さが口の中に広がる。蟻などの先客がいないかを確認することを忘れてはいけない。
- 用法：①（蕾）解熱；1回に3gを煎服する。②（茎・葉）痔・腰痛；50～100gを煮出して風呂に入れる。

チャノキ（茶の木）つばき科　*Camellia sinensis* O.K.

　昔は、田舎ではどこの家でも自家用の茶の木を、屋敷の周囲に数十本は植えてあったものだ。一番に思い出すのは、方言で「ホジョ」と呼んでいた毛虫。茶摘みを手伝うとき、十分に気をつけていたつもりでも、いつの間にか刺されていて赤く腫れ上がり、いつまでも痒かったものだ。1950年頃、私が通っていた加治木町の龍門小学校では、ピアノの購入資金を捻出するために、全校総出で「茶の実」を拾いに、数km離れた民家の茶畑に出かけるのが学校行事のひとつだった。

●形態：中国原産の常緑の低木で、栽培のほかにも人里近くの林縁等に野生化しているのが見られる。葉は長さ6cm内外の長卵形で、縁に細かい鋸歯がある。表面に光沢があり、肉は厚い。花は直径3cm内外の白色で、枝の先端と葉の脇に2～3個つき、うつ向きかげんに咲く。花弁は5～8枚で、おしべは100本内外ある。果実はつぶれた球形で3～4の角があり、3～4室に分かれていて、各

10月頃から開花している

摘み立ての茶葉

花にはおしべがとても多い

3～4室に分かれている果実

ビタミンCたっぷりの葉を天ぷらで

室1～2個の、丸くて褐色の種子が収まっている。
- 生育地：植栽は霜が降りない場所がよい。
- 分布：北緯38度付近が経済的栽培の限界。
- 類似種：特になし。
- 食用部分：新芽。
- 採取時期：5～7月。
- 採取方法：若葉を手で摘む。
- 食べ方：(1)若葉を天ぷらで食べると、ビタミンCなどを多量に含んでいて、とても体に良いという。
(2)過日放送された、NHKの番組「ためしてガッテン」によると、「並みの茶葉」の渋味を抑えおいしい飲み方は、1回目は80℃の湯で30秒間、2回目は90℃の湯で30秒間たてるのが良いとのことだった。かねて飲んでいる、急須いっぱいに入れっ放しの茶が渋いわけを合点した。
- 用法：(葉) 風邪・頭痛：緑茶15g、陳皮20g、山椒3～5個を煎じて熱いうちに服用。

オオバギボウシ（大葉擬宝珠）ゆり科　*Hosta sieboldiana* Engl.

　東北地方ではウルイと呼ばれ、人気の高い山菜であるという。よほど広く好まれているらしく、山菜に関する本で、掲載していないものはなかった。ギボウシの仲間には数十種類あるが、園芸種として好まれ、普通に家庭で樹下や岩組の中などに植栽して楽しまれている。県内の原野や渓流の岩の上などでは、自生がまだ見受けられる。初夏のえびの高原の湿地には、小型のコバギボウシが青紫〜赤紫色の可憐な花を咲かせている。

- ●形態：多年草。葉は長さ30cm内外の卵状楕円形で、中軸の両側に縦の平行脈が多数出る。初夏、高さ80cm内外の花茎の先に、白〜淡紫色のラッパ状の1日花が次々に咲く。
- ●生育地：草原や林内の湿地、谷川の岩上。
- ●分布：北海道〜鹿児島県南薩地方。
- ●類似種：ヒュウガギボウシ、サイゴクイワギボウシなど多数ある。どれも同様にして食べられる。
- ●見分け方：ヒュウガギボウシは、つぼみの時期に苞が花序を抱いて円錐体を形づくる。

可憐な一日花

大隅で見かけるヒュウガギボウシ

葉が開ききらないものが良い

花茎は80cmほどにも

マヨネーズで食べるのもおいしい

オオバギボウシは、苞が扁平でつぼみの時に開いている。サイゴクイワギボウシは、葉柄の基部が暗紫色をしている。
●食用部分：新芽、若葉の柄の部分と花。
●採取時期：3～6月。
●採取方法：葉が巻いたままの新芽や、開葉した若葉を葉柄の元からナイフで切り採る。
●食べ方：(1)さっとゆでて酢味噌和えで食べると、ぬめりがあっておいしい。
(2)採りたてのみずみずしい葉を刻んで、味噌汁の具に用いるととてもいい。
(3)生のままを、天ぷらにするとおいしい。
(4)お浸し、炒め煮、卵とじに。
(5)花は酢の物、寒天寄せに。
(6)茎をゆでて、天日に干して乾燥させたものをヤマカンピョウと称するらしい。一昼夜水につけて戻し、日向臭さを抜いて、煮物などに利用するとおいしいとある。
●用法：(根) おでき：すりおろして1日に6～9gを3回に分けて煎服する。

ツルナ（蔓菜）別名ハマヂシャ　ざくろそう科　*Tetragonia tetragonoides* O.K.

　海岸の砂浜の、満ち潮が押し寄せるぎりぎりの辺りに、小さな群落をつくって生育している。海岸に生えている植物の多くがそうだが、強い日光に照らされても大丈夫なように、葉が肉厚である。ツルナはさらに、葉の表面の細胞がレンズ状になっていて、日光をはね返すつくりになっている。そのため、葉の表面が光って見える。おもしろい形をした種子が株近くの砂の上に落ちているので、拾ってまくと、家庭でも栽培できる。

●形態：よく生長したものでは、高さ50cmほどになる多年草。茎は枝分かれし、下部は地を這う。葉は厚ぼったくて毛がなく、表面に粒状の突起がある。花弁のように見える3～5個の黄色い萼をもった花が葉の付け根に見られる。果実は硬くてとげがあり、繊維質のものでできていてとても軽く、海水に浮かんで遠くまで運ばれていきやすい作りになっている。真夏に、株付近の焼けつくような砂の上に落果している。
●生育地：海岸の砂地の波打ちぎわ近く。

4月には花が咲く

4月に摘んだ柔らかい葉

ゆでて鰹節を添えてお浸しで

真夏の暑い砂の上に落果している

マヨネーズでも

●分布：日本全土に広く分布し、栽培している所もある。
●類似種：特になし。
●食用部分：新芽。
●採取時期：3～9月。
●採取方法：茎の先端近くの、硬くない部分を5cmほど摘み採る。
●食べ方：酢と塩を入れた熱湯でゆで、ゆであがったら火を止めて、冷めるまでそのままにしておく。ときどき噛んでみて、あくの抜け具合を調べ、舌をさす辛さがぬけたら、しばらく流水にさらす。鮮やかな黄緑色がきれいである。
(1)かつお節と醤油で食べたり、マヨネーズで食べたりすると、あっさり味でおいしい。
(2)味噌汁の具にしてもよい。
(3)納豆和えワサビ添え。納豆をよく混ぜて醤油で味を調え、食べるときに全体をからめる。
●用法：（全草）胃炎；1日に10～15gを空腹時に煎服する。

オカヒジキ（陸鹿尾菜）別名ミルナ（海松菜）**あかざ科**　*Salsola komarovii* Iljin

　川内〜阿久根市の海岸線を歩いていて、満潮の際には潮水を浴びそうなぎりぎりの場所に、海岸のいろいろなごみに混じって帯状に群落をつくって生えていた。初めて見たときは、山菜のひとつに加えられているとは思いもよらなかった。そのオカヒジキが、東北地方の農家で栽培されているようすを、テレビの某番組で見た。栽培されるほどに昔から親しまれている植物だったらしい。若い茎や葉は柔らかくて、ゆでて海藻のヒジキのようにして食べられるので、この和名がついた。この写真は阿久根市大川島の海岸で撮影したが、ツルナとともに広い範囲にわたって群落が見られた。

●形態：下部から盛んに枝分かれを繰り返して、地面を這い高さ40cm内外になる1年草で、全体が無毛。葉は多肉質で丸い棒状になっていて互生し、先はとげ状にとがっており、不用意に握ると痛い。6〜9月に、葉の脇に柄のない花が1個ずつ咲き、雄し

7月末には花から果実へ　　　4月に採取した幼株

真夏には大株に育っている　　お浸しで食べる

べは黄色で目立つ。果実は円錐形で、直径およそ2mm。種子は白色、種皮は膜質で離れやすい。別名は、棒状で何回も枝分かれしているミルという名の海藻によく似ていることからついた。
- 生育地：海岸の砂地。
- 分布：日本全土に広く自生。
- 類似種：特になし。
- 食用部分：若い茎葉。
- 採取時期：3～5月。

- 採取方法：柔らかい茎先を10cmほど摘み採る。春先の若いものが良い。砂をよく洗い落とす。
- 食べ方：《下ごしらえ》かるく塩を加えてさっとゆでて、水にさらす。ゆですぎると歯ごたえがなくなる。
(1)お浸しで食べるのが一番。
(2)酢の物のほか、各種の和え物で食べると、どれもおいしい。
(3)生のまま炒め物、汁の実にする。

オイランアザミ（花魁薊）　きく科　*Cirsium spinosum* Kitam.

　海岸の砂地の最前線に生育している植物のひとつ。一見してアザミの仲間だが、内陸のアザミに比べて非常に大型である。とげの鋭さも容易には人を近づけない。葉の中軸と葉柄をおいしい佃煮にしたてたものを、かなり以前に植物同好会の仲間からご馳走になっていたので、いつかは挑戦しようと思い続けていた。和名は、大株の華やかさから。

●形態：無毛の多年生草本で、高さ1mを超し、他のアザミ類に比べてはるかに大きい。葉は長さ40cm内外になり、とげが鋭くて丈夫である。太い花茎の先に、柄のない頭花が多数集まってつく。花は、植物全体が大きい割には直径3cmほどと小さく感じる。
●生育地：海岸の砂地や近くの土手。
●分布：南九州〜奄美大島。
●類似種：内陸にはノアザミなど多種。
●見分け方：日本産の多くのアザミの仲間のうち、春から花が咲いているのはノアザミだけ。どれも同じようにして食べられる。

大株なので花が小さく見える

葉柄と葉軸を採取する

ノアザミの根茎

５月のノアザミ

花期は４～５月

ノアザミの花

オイランアザミの葉軸の佃煮

- ●食用部分：葉軸、根茎。
- ●採取時期：４～６月。
- ●採取方法：軍手と鎌を用い、とげに触れないよう注意して、葉柄と葉軸以外をそぎ落とす。根茎は、根掘りで根気よく掘り採る。
- ●食べ方：《下ごしらえ》茎は皮をはぐ。葉は軸だけを取る。根茎はよくこすって皮を除く。
  (1)《茎と葉軸の佃煮：中種子町農村婦人の家編の資料参照》（材料；アザミ100ｇ、醤油大さじ１、砂糖大さじ２、みりん小さじ１）①３～５cmに切りそろえ、ゆがく。②十分に水気を切って鍋に入れ、半量の醤油で軟らかくなるまで煮る。③他の材料を入れて煮詰める。好みでゴマ、唐辛子、ショウガ等を入れる。
  (2)葉の柄と軸をお浸しで食べる。
  (3)根茎は、きんぴらにすると、ゴボウのそれとほとんど変わらない香りと味がする。
- ●用法：（根）①利尿・神経痛；乾燥根２～４ｇを３回に分けて煎服する。②健胃；乾燥根15ｇを３回に分けて煎服する。

ボタンボウフウ（牡丹防風）せり科　*Peucedanum japonicum* Thunb.

　ボウフウと称して刺身のわきに添えられているのは、現在ではほとんど栽培品で、柔らかくて香りがそれほど強くはない。野生のハマボウフウは、潮水のかかりそうな砂地の最前線で、からだの大部分が砂に埋まっていて、茎や根は深く地中に埋まっている。地上部は赤紫色、地中部は白色で香りが強い。本著では、ハマボウフウと味や香りがよく似ていて、見つけやすいボタンボウフウを採り上げた。

●形態：砂浜よりは、海辺近くの草むらや岩の上などに多い大型の多年草だが、かなり内陸部にも見られる。葉は厚く、緑白色の2〜3回羽状複葉で、ボタンの葉に似る。高さ80cm内外に生長し、多く枝分かれしている。果実は平たい楕円形で、細い毛がつく。味・香りはハマボウフウによく似ている。

●分布：本州〜九州。

●類似種：ハマボウフウ（浜防風）。

●見分け方：海浜の砂地に自生する、高さ20cm内外の多年草。全体に淡褐色の長い軟

ボタンボウフウの花　　　　　　　　　　焼けつく海浜に生えるハマボウフウ（方名ハマゼリ）

夏が花期のボタンボウフウ　　　　　　　お浸しで食べる

毛を密生する。葉は1〜2回分かれる3出複葉の三角形で、柄が赤く厚みがあり、縁に鋸歯がある。花は6〜7月頃に咲き、茎の頂上部に白色の小花が多数集まって、直径5cm内外の球形になる。果実は長い軟毛をもった楕円形で、隆起した稜がある。日本全土に広く自生している。
●食用部分：新芽、若葉。
●採取時期：3〜5月。
●採取方法：ボタンボウフウは柔らかい新芽を摘み採る。ハマボウフウは砂から少し顔を出したものをさがして砂をのけ、ナイフで元から切り採る。
●食べ方：《下ごしらえ》①葉の硬い部分から先に入れてゆでる。②水にさらす。
(1)柔らかい部分を湯通しして酢味噌和えに。
(2)お浸しにして食べる。
(3)すき焼きに入れて食べる。
●用法：（根）風邪・滋養強壮；乾燥させたものを1日に5〜8g煎服する。

初夏が花期の十字花

果実の集まり

独特のにおいムンムンの若葉

ドクダミ（毒痛）方名ガラッパグサ（河童草） どくだみ科　*Houttuynia cordata* Thunb.

　腫れ物のほか便秘や腎臓病、高血圧など薬効が多い。ジュウヤク（十薬・重薬）といい、昔から生薬、民間薬として親しまれている。
●形態：地下茎が長く伸び、地上茎は高さ40cm内外。全草に独特の臭気がある。花は5〜6月に咲き、長さ3cm内外の穂状花序に多数つく黄色の葯が目立つ。
●生育地：庭先、道端のやぶなどのやや湿地。
●分布：本州以南。
●食用部分：新芽、若葉、地下茎。
●採取時期：4〜8月。
●食べ方：(1)《ドクダミ茶》①陰干しにして刻む。②ヤカン一杯の湯に、約10gの乾燥ドクダミをいれて煮沸する。
(2)そのまま天ぷらにすると、臭みが消える。
(3)よくゆでて水にさらし、何回か水を換えると臭みが消える。油炒め、和え物、煮物など。
用法：（全草）①利尿・便通：20〜30gを煎じて茶代わりに飲む。②化膿性はれもの：生葉を火であぶって貼り付ける。

8月頃のイワタバコの株

6月に採取した葉

6月頃の葉を天ぷらに

イワタバコ（岩煙草）いわたばこ科　*Conandron ramondioides* S. & Z.

　湿った崖や岩の割れ目に、群落をつくる。イワダカナとかヤマヂシャとも呼ばれる。少々苦味が強いが、山菜として利用される。胃の薬にもなるので、苦味を残して味わいたい。
●形態：多年草。茎は短く、翼のある長い葉柄をもつ葉が数枚、くっつき加減に出る。葉は、幅10cm、長さ20cm内外で、ゆがんだ形の卵状楕円形。無毛で強い光沢があり、表面にしわがあって先がとがる。夏、20cmほどに伸びた1～2本の花茎の先に、赤紫色で筒形の花を多数つけ、果実は、長さ1cmほどの広披針形。
●生育地：谷川や林内の湿った崖の岩上。
●分布：本州～トカラ列島（臥蛇島）。
●食用部分：若葉。
●採取時期：4～6月。
●採取方法：葉1枚を残して間引きする。
●食べ方：(1)ゆでて水に浸し、和え物にする。(2)天ぷら、油炒めにする。
●用法：(葉)健胃；1日に5～10gを煎服する。

1株から多くの果実を収穫できる

5月頃の花

6月頃の果実

イチゴのなかま（1）

　いつでもおやつをもらえるという状況になかったちょっと昔の子どもたちにとっては、草むらに実るイチゴはご馳走で、熟れているのを見つけたら必ず採って食べたものだが、今の子どもたちは手をつけないのではなかろうか。親からは、やぶにはマムシがいるから入るなときつく言い渡されていたが、気には留めなかったものだ。今になって考えると、良くぞ噛まれなかったものと思う。まさにマムシのすみかなのだが、友達も誰一人犠牲者は出なかったと記憶している。

■ナワシロイチゴ（苗代苺）　ばら科
Rubus parvifolius L.

●形態：草丈は30cmほどとたいして高くはないが、長さが2m以上にもなって地を這っている落葉低木で、各地に普通に生育している。和名は、苗代をつくる6月頃に果実が熟すことによる。花は赤紫色で半開し、果実は赤く熟して甘味がある。1粒の大きさが大きい。

●生育地：林縁や石垣など。

鋭いとげが多くつくナガバキイチゴ

花は下向きに咲く　　　果実は甘い　　　1株からたくさん採れる

- ●分布：日本全土。
- ●採取時期：5〜7月。
- ■**ナガバキイチゴ**（長葉木苺）（別名ナガバノモミジイチゴ・長葉の紅葉苺）

Rubus palmatus Thunb.

- ●形態：落葉の低木で、枝と葉の裏面の脈上に鋭いとげがあってよく引っかかる。葉は狭い卵形〜細長い卵形で、基部は心臓形、縁にぎざぎざが多く先端はとがる。多くの白い花弁の花が多数、枝から垂れて咲く。果実は1株から多数採れて、とてもおいしい。黄苺と思いこんでいたが、木になる苺の意味のようだ。
- ●生育地：山地、林縁。
- ●分布：本州〜屋久島。
- ●採取時期：5〜7月。
- ●採取方法：熟した果実をつぶさないように摘み採る。
- ●食べ方：(1)生食する。

(2)ジャムにする。

カジイチゴにはとげがない

葉が小さいヒメバライチゴ

カジイチゴの花は大きい

果実はおいしい

ヒメバライチゴの花

イチゴのなかま（2）

■**カジイチゴ**（梶苺）
Rubus trifidus Thunb.
●形態：高さ2m内外のとげがない落葉低木。葉は広卵形、基部はハート形で、5〜7に深く切れ込み、縁の重鋸歯はとがる。花は白い花弁をもち、大きく開いて上向きに咲く。果実は5月頃黄色に熟し、甘い。和名は、葉がくわ科のカジノキの葉に似ることからついた。
●産地：里近くのやぶや林縁（栽培品の逸出）。
●分布：関東以西。

■**ヒメバライチゴ**（姫薔薇苺）
Rubus minusculus Lev. & Vant.
●形態：葉は5〜7枚の小葉からなる複葉で、小葉は長さ3cm内外の細長い卵形。葉裏全体に淡黄色の点々が多数ある。花は直径2cm内外。果実は5〜6月に赤熟する。
●産地：山地、林縁。
●分布：本州〜九州。

■**ホウロクイチゴ**（焙烙苺）ばら科
Rubus sieboldii Bl.

大株になって這っているホウロクイチゴ

しわが目立つ花弁 　　　　果実は大きい 　　　　ごく普通種だがおいしいクサイチゴ

●形態：高さ2mほどになり、日当たりのよい草地や林縁に生育する常緑半つる性低木。葉は約15cmの円形でざらつき、両面に短いとげがまばらにある。3～6月に直径3cmほどの白花が葉の脇に短柄でつき、萼は反り返る。秋～冬に石果が多数集まって、内部が空洞の球形のイチゴになって赤く熟す。
●産地：人里のやぶ、山地、林縁。
●分布：本州（紀伊半島、山口県）以南。

■クサイチゴ（草苺）

Rubus hirsutus Thunb.

●形態：低地の草むらに普通に生育している低木で、茎は短い軟毛を密生している。葉は普通3小葉、生長したもので5小葉からなる複葉。小葉は長さ5cm内外の楕円状卵形。花は直径3cm内外の白色で、5～6月頃果実は赤く熟す。色・味・香りの三拍子がそろって、野生の苺の中では最もおいしいと思う。
●産地：人里のやぶ、山地、林縁。
●分布：本州～九州。

ナワシログミ（苗代茱萸）方名トラグン（虎茱萸）ぐみ科　*Elaeagnus pungens* Thunb.

　屋久島では、果実が細長くて赤く熟し、枝に垂れてつくグミをひとまとめにして「サガリグミ」と称していた。よく特徴をとらえていて、いい名だ。野生のグミはどれもすっぱい。ナツグミの変種でトウグミ（唐茱萸）といい、園芸店でビックリグミと俗称しているグミは大きくて甘く、生食用か観賞目的で、植栽している家をよく見かける。
●形態：海岸近くに多い常緑の低木。果実は4～5月の苗代の頃に熟す。葉身は幅2.5cm長さ5cm内外の長楕円形で、縁が波打ち裏側に曲がり、表は緑色で光沢があるが、裏は銀色の生地に褐色の模様（毛）が点々とつく。秋に筒状で花弁のない花が咲き、果実は長さ約1.5cmの楕円体で垂れてつき、秋に赤く熟す。
●生育地：海岸近くから内地の林縁、林内。
●分布：関東～屋久島。
●類似種：ツルグミ（蔓茱萸）、マルバグミ（丸葉茱萸）。
●見分け方：ツルグミの若い小枝は、濃い赤

ナワシログミの花

若枝や葉裏が褐色のツルグミ

マルバグミ

マルバグミの葉裏は銀色

民家に植栽されているトウグミ

褐色の鱗片が密生し、細く長く伸びてつるになる。つるは1年に1m以上伸びる。葉は長楕円形で、表は深緑色、葉柄も葉の裏も赤褐色の鱗片が密生している。果実は長さ15mm内外の長楕円形で、冬を越して翌年の初夏に赤く熟する。果実は酸味が強い。関東～沖縄に分布し、内地の林縁、林内に生育する。
マルバグミは、枝にとげがなく葉や小枝はざらつかない。葉は幅5cm内外の円形～卵円形で広く、裏は全面に銀色の鱗片がはりつい

ている。別名をオオバグミ（大葉茱萸）という。関東～九州に分布し、海岸の林縁、林内に成育する。
●食用部分：果実。
●採取時期：6月頃。
●採取方法：摘み採り、塩水に漬けておく。
●食べ方：(1)生食する。
●用法：（果実・葉）咳止め・喉の乾き；1回に5～10gを煎服する。

ヤマグワ（山桑）くわ科　*Morus australis* Poir.

　40年ほど前は、多くの家で蚕を飼っていて、私もクワの葉と蚕の幼虫をもらって、途中まで育てたのを覚えている。多くの果実が円柱状に集まった「桑の実」は甘味と香りが上品で、いくらでも食べられた。果実を山盛りに入れた体育帽と、果実を食べたあとの唇は、果汁で濃い紫色に染まったものだ。養蚕用の本物のマグワは、葉がヤマグワより広くて、葉縁は切れ込まないものが多い。

- 形態：高さ8m内外になる雌雄異株の落葉小高木。葉は幅6cm長さ12cm内外で、長さ3cm程度の無毛の柄で互生する。葉縁は切れ込みのないものから3～5に深裂するものまで変化が大きい。葉身は広い卵状楕円形、葉裏は無毛で、先はやや急に尾状に伸びる。
- 生育地：山地の林内、里山に逸出品。
- 分布：日本全土に広く自生。
- 類似種：カジノキ（梶の木）、コウゾ（楮）、ヒメコウゾ（姫楮）。
- 見分け方：カジノキもコウゾも良質の繊維

ヒメコウゾの果実も甘い

ヤマグワの葉脈は縁に届く

葉脈が縁取る形のヒメコウゾ

雄花

雌花

6月頃熟す果実

がとれて紙の材料になるので、昔近所の家で栽培していたのを覚えている。コウゾはカジノキとヒメコウゾを親とする雑種で、これらの3種類は、葉脈が葉の縁に届かず、数ミリ離れて縁取るように線状に入る。これに対してヤマグワの葉脈は葉の縁まで届いているので区別がつく。いずれも果実は甘くて食べられるのだが、ヤマグワ以外は、食後に口中をチクチク刺すような感じが残るので、おすすめできない。

●食用部分：果実。
●採取時期：7月。
●採取方法：雄株には果実がならないので、果実のなる時期に雌株をさがしておく。熟した果実の汁で衣服を汚さないよう要注意。
●食べ方：(1)生食する。
(2)ジャムをつくる。
(3)ヤマグワ酒をつくる。
●用法：(根・果実) 高血圧予防・疲労回復；根・果実でクワ酒をつくって飲む。

ヤマモモ（山桃）やまもも科　*Myrica rubra* S. & Z.

　濃い緑色と樹形が好まれるのか、果樹のほかに庭木や街路樹等として植栽されている。梅雨時期に黒紫色に熟すが、その下に白い車を駐車していたら大変なことになる。赤い色素が落ちにくくて困ったことがある。よく似たホルトノキが公園で隣り合わせに植栽されているのを見かけることが多い。この2種は、樹形や葉の形、大きさ等がとてもよく似ている。

- ●形態：低地や山地に広く生育している雌雄異株の常緑高木。葉身は幅2cm長さ5cm内外で、先端近くが広い楕円形。葉の裏に薄黄色の腺点が散在している。果実は直径約1.2cmの球形で、汁の多い突起でびっしり覆われている。6～7月頃暗赤色に熟して、おいしく食べられる。
- ●生育地：低地の里山から奥まった山地まで。
- ●分布：関東以西。
- ●類似種：ホルトノキ。
- ●見分け方：ヤマモモの葉には油点が多いので、日光に透かすと網状脈のような模様に見

雄花

果実は6月頃に生食できる

ヤマモモジャムをパンに塗る

ヤマモモの樹形

果実を焼酎に漬けたヤマモモ酒

えるが、ホルトノキの葉には、それが見られないので容易に区別できる。
●食用部分：果実。
●採取時期：6～7月。
●採取方法：果実をつぶさないように注意して採取し、圧力がかからないようにして、容器に入れて持ち運ぶ。
●食べ方：鹿児島市内のものは、火山灰が降りかかっていて口の中がザラザラすることがあるので、よく洗う。また、場所を問わず、香りに引き寄せられて大型の蠅がたかっていることがあるので、よく洗ってから食べる。
(1)生食する。
(2)《ヤマモモ酒》①完熟前の果実を採取し、ゴミを洗い落として水気をふき取る。②密閉できる容器に、果実の3倍量の焼酎と3分の1量の氷砂糖と、果実1kgあたりに5個分ほどの皮をむいたレモンを入れる。③2カ月後に果実とレモンを取り除く。
(3)種子を除き、ジャムに。

ベニバナボロギク（紅花襤褸菊）別名ヤマシュンギク（山春菊）**きく科** *Crassocephalum crepidioides S.Moore*

　アフリカ原産の1年草で昭和初期に伝わったらしいが、盛んに生育地を広げて、現在ではごく普通に見かけるようになっている。山野の伐採跡地や山焼きの跡地などに、一番乗りするパイオニア植物である。葉は柔らかくて、野菜の春菊に似た香りがあり、アジアでは栽培したりして普通に食べられているという。第二次大戦中には、南洋春菊とか昭和草と呼んで、兵士たちが食用にしたという記述を読んだことがある。

●形態：高さ80cm内外の1年草。葉身は長さ15cm内外で長い柄があって互生し、倒卵状（先端部の方が広い）長楕円形で、不規則に裂けている。花期は7〜8月。花の先端がオレンジ色をしていて、管状花だけからなる、基部が膨らんだ筒形の頭花が、茎や枝の先端に集まってうつ向いた姿で咲く。秋には花に混じって、長さ1cm内外の白色の綿毛をつけた果実が、風にあおられて飛び立とうとしている姿が観察される。夏に限らず、気

冠毛をつけた果実

花は下向きに咲く

花が上向きのダンドボロギク

これは7月だが、いつでも採れる

お浸しで苦味を味わう

をつけていれば周年で入手できる。
- 生育地：半日陰地の林縁や湿地など。
- 分布：帰化植物、関東以西。
- 類似種：ダンドボロギク（段戸襤褸菊）。
- 見分け方：北米原産の帰化植物。高さ80cm内外の1年草で、おもに山野に見られるが、ベニバナボロギクほどには見かけない。茎が直立していて、8〜10月に茎の先端に黄緑色の頭花を多数つけるが、花が垂れドがらずに上向きに咲くことで、ベニバナボロギクと区別できる。和名は、最初に発見された愛知県の段戸山にちなむ。同様に食べられるが、あくが強い。
- 食用部分：新芽、若葉。
- 採取時期：7〜8月。
- 採取方法：若苗、若葉を摘み採る。
- 食べ方：(1)そのままで天ぷら、油炒めに。(2)ゆでてお浸し、各種の和え物に。まさにシュンギクの風味がしておいしい。
(3)そのまま切って、味噌汁の具にする。

アオビユ（青莧）別名ホナガイヌビユ（穂長犬莧） ひゆ科　*Amaranthus lividus* L.

　現在ではやっかいな雑草扱いされているが、昔は葉を食べる野菜として、よく利用されたという。現在でも熱帯地方では栽培されていて、ホウレンソウのように食べられているらしい。休耕している畑に多く見られる植物で、花壇にも盛んに侵入する。仲間が多い。

●形態：高さ80cm内外の1年草で、熱帯アメリカ原産の帰化植物。茎は枝分かれしていて、毛はない。葉は柄が長くて互生し、やや3角形をした広い卵形。先端はわずかにへこむものが多いが、たまにはとがる。夏～秋にかけて、緑色の小花が穂状に集まって立つ。葉より上部の穂は多くに枝分かれする。

●生育地：荒地、畑地、道端、庭先など。
●分布：日本全土に広く自生。
●類似種：イヌビユ、ホソアオゲイトウ、イヌホオズキ。
●見分け方：イヌビユは、葉の先が大きくくぼんでいて、上部の花穂はあまり長くならず、またほとんど枝分かれしない。夏の畑や

畑に、よく群落を見かける

アオビユの葉先は少しへこむ

6月に採ったアオビユの葉

天ぷらで食べる

飼料用に移入されたホソアオゲイトウ

若株は似るが、葉先がとがるイヌホオズキ（有毒）

花期のイヌホオズキ（有毒）

生でもくせのない葉をお浸しで

花壇に見られる雑草だが、本県には少ない。ホソアオゲイトウは飼料用に外国から持ちこまれたもので、高さ1.5m内外になる。イヌビユの仲間には、葉の先端がとがり、花穂が多くに枝分かれしているものが多い。どれも同様に食べられる。なす科のイヌホオズキの若い株はアオビユの仲間にそっくりだが、葉柄に翼があるので区別できる。毒草なので要注意。よく隣り合わせに生えている。
●食用部分：若葉。
●採取時期：3〜8月。
●採取方法：茎の先のほうと葉をむしりとる。下のほうからしごいていくと、食べるのに適したあたりで勝手に折れてくれる。
●食べ方：(1)お浸しにすると、軟らかくて素朴な味がおいしい。和え物でも良い。
(2)洗ってよく水を切り、素揚げにしてうす塩で食べるか、片面に衣をつけて天ぷらにする。
(3)炒め物、卵とじも良い。

スベリヒユ（滑莧）方名ホトケミン（仏耳）　すべりひゆ科　*Portulaca oleracea L.*

　かつて祖母が味噌と豆腐と和え物にして時々食べさせてくれた。野菜の一種と思い込んでいたが、独特のヌメリが懐かしく思い出される。祖母はたしかスネベと呼んでいたのだが、その名は植物方言集に見当たらない。利用しない人にとっては、畑の雑草にすぎない。

- ●形態：茎が地面を這って広がる1年草。茎は長さ30cm内外で多くに枝分かれし、円柱状で、毛がなく赤褐色。葉は楕円形で肉厚のヘラ形。夏に黄色い小花が枝先に咲き、果実はごく小さな黒い粒状。
- ●生育地：日なたの荒地、畑、道端、庭先。
- ●分布：日本全土に広く自生。
- ●類似種：マツバボタン（松葉牡丹）、ポーチュラカ（和名ハナスベリヒユ）。
- ●見分け方：マツバボタンは葉が細い棒状で、盛夏に極彩色のきれいな花を咲かす。花は直径3cmほど。ポーチュラカは、スベリヒユとマツバボタンとの交雑種で、葉は前者に、花は後者にそっくりである。スベリヒユ

黄色の小花のスベリヒユ　　　花期は盛夏

葉柄も葉も食べられる

ぬめりのある白和えがおいしい

一方の親であるマツバボタンのなかま　　ポーチュラカは交雑種　　ポーチュラカの油炒め（南薩少年自然の家で）

の花は、目立たない小花で、区別は一目瞭然。どれも同様に食べられる。
●食用部分：新芽、若い茎。
●採取時期：6〜8月。
●採取方法：芽出しから開花前までの、茎が太くて柔らかいものを採る。
●食べ方：《下ごしらえ》茎をしごいて葉を取り除く。木灰か重曹を加えて、熱湯でゆでる。
(1)ゆでてアクを抜いたものを、豆腐とゴマ味噌との和えものにして食べる。ツルムラサキに似たぬめりがあって結構おいしい。
(2)油炒めにも。
(3)《保存食》ゆでたものを、熱いうちにもみながら天日干しする。ときどきひっくり返したりもんだりしながら、3〜4日も干せば十分。戻すときは、軽くゆでてしばらく湯につけておく。他の野菜との煮付けに用いる。
●用法：（全草）①利尿：1日に5〜10gを3回に分けて煎服する。②虫刺され：生汁を患部に塗る。

アカザ（赤藜）　あかざ科　*Chenopodium album* L. ssp. *amaranticolor* Coste & Reynier

　荒地に生える、色の地味な雑草たちに混じって生育しているアカザに初めて出会ったとき、そこだけが派手に明るくて、なにか園芸種のこぼれ種から育ったものかと感じた。人の背丈ほどにも生長し、幹の部分は丈夫なので、乾燥させて軽くて使いやすい杖に加工されて売られているのを、熊本県内の特産品売場で見た。民間薬として、茎や葉が虫刺され、歯痛止めなどに利用されるという。

- 形態：多くの枝を出しながら、高さ1.5m内外になる1年草。葉は互生し、若葉の表面下部は赤紫色の粉をまぶしたようで美しい。葉は菱形状卵形で大きくて質がやや薄く、葉縁には鋭い切れ込みある。種子は黒色、押しつぶしたような円形で、1mm内外。科はあかざ科だが、シロザが基本種でアカザはその変種という奇妙な関係にある。
- 生育地：休耕地や河原など。
- 分布：中国原産でどちらも日本全土に広く分布するが、アカザは西日本に多く、シロザ

シロザ

赤紫色が鮮やかなアカザ

アカザ（左）とシロザ（右）の葉

アカザのお浸し

は東日本に多く生育しているという観察記録がある。
- 類似種：シロザ（白藜）。
- 見分け方：姿や生育環境はアカザそっくりで、葉はアカザより小さい。葉には切れ込みがあるがほぼ3角形をしていて、若葉の表面下部は白色で粉っぽい。軽くこするだけで粉はとれてしまう。
- 食用部分：新芽、若葉。
- 採取時期：4〜10月。シロザは秋の芽生

えがおいしく、アカザは春と秋の両方でおいしく食べられるという記載もある。
- 採取方法：新芽は茎の先端から10cmほどを摘み採り、若葉は茎を人差し指と親指ではさんで、しごいて採る。
- 食べ方：(1)あくがないので、さっとゆでて水にさらす。かつお節と醤油で、お浸しにして食べると、軟らかくておいしい。
(2)豆腐やゴマの和え物にして食べると、淡白な味がおいしい。

コオニユリ（小鬼百合）ゆり科　*Lilium leichtlinii f. pseudotigrinum* Hara & Kitam.

　鹿児島県で最も普通に見かける野生の百合は、コオニユリとオニユリ。両者は生育の良否による違いのようにも思えるが、全くの別物。最近は、茎に細い葉が目立って多くつく、テッポウユリを小型にしたようなタカサゴユリも、各地の斜面に多く見かける。山間部で見かけるからか、オニユリをヤマユリと呼ぶ人もあるようだが、ヤマユリは栽培品を見かけるものの、県内には自生しない。山あいの日陰地に生えるウバユリもおいしい。苦味のある部分もあるが、ホクホクして甘い。市販の百合根は北海道産のエゾスカシユリらしい。

- ●形態：多年草。鱗茎は直径 4 cm 内外で白く平たい球形。茎は緑色で、高さ 1 m 内外、葉は幅 1 cm ほどで細長い。花は夏に咲き、橙色の花弁の内側に黒紫色の斑点が入る。
- ●生育地：日なたの草原、山地の道端など。
- ●分布：中国原産。北海道～奄美大島。
- ●類似種：オニユリ（鬼）、ウバユリ（姥）、タカサゴユリ（高砂）、カノコユリ（鹿子）。

オニユリの葉の脇につくムカゴ 　ウバユリの花は強い芳香を放つ

ウバユリの球根

正月料理に使われる百合根（市販品）

カノコユリ 　花弁に筋が入るタカサゴユリ 　ウバユリの球根を油で揚げる

●見分け方：オニユリは、コオニユリよりもやや大型。茎に紫色の斑点が入り、葉の脇に褐色のムカゴがつくので、遠目にも簡単に区別がつく。ムカゴからも発芽する。どちらも食べられるが、オニユリはニガユリとも称されるように、株によっては苦味のある場合がある。ウバユリは、上向きだったつぼみが開花時には横向きに咲き、単子葉だが葉脈は網目状。タカサゴユリは、高さ２ｍ超になり、花弁に赤紫色の筋が入る。カノコユリは鹿児島県甑島産で、花弁にきれいな斑点が入る。
●食用部分：鱗茎。
●採取時期：８月以降。
●採取方法：根元を深く掘って、鱗茎を採る。
●食べ方：《下ごしらえ》鱗片をよく洗って土を落とし、数時間水につけてアクを抜く。
(1)塩ゆでにして食べる。焼いて食べる。
(2)天ぷらや、茶碗蒸しにする。
●用法：(鱗茎)咳止め・解熱；１日に４〜10ｇを煎服する。

サツマイモ（薩摩芋）方名カライモ（唐芋）ひるがお科　*Ipomoea batatas* Lam.

　中南米原産の多年生の作物で、日本には17世紀に伝わった。春に、発芽させた親芋から採取した茎を、畑に畝（うね）を作って、横に寝かせるようにして差しておくと、茎が長くつる状に伸びて地下に塊根を多数実らせる。日照りにも結構強い。食用、アルコール・デンプンの原料、家畜の飼料などと用途は広い。食料がないときは芋づるも食べたと、よく聞かされた。硬くてまずいものかと気づかったが、結構おいしかったので、少しホッとした。

●形態：葉は互生し、長い柄をもち心臓形で先がとがる。花は茎の先に4個内外集まってつき、ロート状で朝顔に似ていて、直径4cmほどで赤紫色を帯びる。焼酎王国鹿児島県では需要が高く、多くの品種が作り出されている。

●生育地：畑で栽培。
●分布：中南米原産。南九州で広く栽培。
●食用部分：塊根、葉柄。

8月に農家にもらった葉

7月に咲いたサツマイモの花

葉柄のきんぴらはとてもおいしい

- ●採取時期：8〜9月。
- ●入取方法：(1)芋の苗の作付けが終わる頃に、残っている芋づるをもらう。
(2)芋の収穫の時期には芋蔓が不要になるので、必要なだけ採らせていただく。葉は除いて調理するので、葉が虫に食われていても気にしない。この時期の葉柄は堅いが、食べるのにはまったく支障がない。
- ●食べ方：ここでは塊根については省略する。
(1)葉柄の皮をむいて、ゴマ油で炒めて食べる。いろいろなもので味付けしていいが、塩コショウを使ったら、黄緑色が鮮やかでさくさくとした歯ざわりがよかった。
(2)他の食材との煮物に利用する。8月に、冷凍保存しておいたダイミョウダケの筍と煮付けにして食べたが、煮すぎていないツワブキの食感に似て、コリコリ感があっておいしかった。私自身何度でも食べてみたいと思ったし、多くの人におすすめしたい食材のひとつであると実感した。

イヌビワ（犬枇杷）方名クタッ、タブ　くわ科　*Ficus erecta* Thunb.

　鹿児島県では、イヌビワをタブと称している所が多いが、本物の和名タブノキはくすのき科の大木で、果実は食べられない。よく熟れたイヌビワの果実は甘くておいしく、昔の少年たちにはご馳走だった。葉は、山羊や兎が大喜びで食べてくれたものだ。
- 形態：雌雄異株の落葉低木で、高さ4m内外になる。樹皮は滑らかで灰色。植物のどこを傷つけても白い乳汁が出て、手に付くとべとつく。葉は幅8cm長さ20cm内外の倒卵状長楕円形で毛がなく、縁に鋸歯はない。花期は5〜6月、イチジクと同じ科なので、花は球形の花嚢の中にたくさん咲いているのだが、外側からは見えない。果実が秋に黒紫色に熟しておいしい。紫色にはなるが、いつまでも堅いままで、食べられない株もある。
- 生育地：低地の雑木林の林内や林縁。
- 分布：関東以西。
- 類似種：ホソバイヌビワ（細葉犬枇杷）、オオイタビ（大石榴）、ヒメイタビ（姫石榴）。

1枝から50個くらい収穫できる

甘いイヌビワの果実

ホソバイヌビワも同様に甘い

ホソバイヌビワ  　　ヒメイタビの果実 　　オオイタビの果実 　　プチプチしておいしいイヌビワのジャム

●見分け方：ホソバイヌビワはイヌビワの変種で、樹形や果実はイヌビワと変わらないが、葉が幅3cm長さ20cm内外と細長い。オオイタビ、ヒメイタビともにつる性で、石垣等に密着して生育している。果実が熟して食べられるものもある。
●食用部分：熟した果実。
●採取時期：8～10月。
●採取方法：柔らかく熟した果実を、果柄をつかんでそっと摘み採る。

●食べ方：(1)昆虫や汚れがついていないか確認して生食する。
(2)《ジャム》果実を水洗いして果柄を除き、皮つきのままで少量の砂糖を加えて、果肉を押しつぶしながら煮詰めていく。酸味を補うために、レモン果汁を適当に加える。濃い紫色の果皮の影響で、ブルーベリージャムに似た色に仕上がる。パンにつけて食べると、くせがなくておいしく、微粒子の種子を噛みつぶすときのプチプチ感も楽しめる。

暗青紫色の果托は甘いが、その上につく種子は有毒

雄花

熟す過程の色の変化を楽しめる果托

イヌマキ（犬槇）いぬまき科　*Podocarpus macrophyllus* D.Don

　ヤマボウシを食べたのは近年のことだが、イヌマキは幼時に食べた経験があるので長いつきあいである。完熟した果托は見るからにおいしそうで、初見でも可食の予感をもつだろう。
- 形態：裸子植物で雌雄異株の常緑高木。植栽で直径1mほどのものを見かける。樹皮は灰白色で、縦に裂ける。葉は幅1cm長さ15cm内外の線形で互生する。5月頃に開花し、雄花は黄白色の円柱形で葉の脇につく。10月頃、暗赤紫色の果托の先に、白い粉をかぶった緑色の種子がつく。
- 生育地：温暖な雑木の林内。庭園に植栽。
- 分布：千葉県以南。
- 類似種：ラカンマキ（羅漢槇）。
- 食用部分：果托。
- 採取時期：10〜11月
- 採取方法：果托と種子がくっついているので、果托だけを採る。種子は有毒。
- 食べ方：(1)果托を生食する。甘くてぬるぬるし、たくさん食べられるものではない。

霧島の高千穂河原付近には多い

花弁に見えるのは、花を囲む総苞

種子は硬いが果肉は甘い

ヤマボウシ（山法師）**みずき科** *Cornus kousa* Buerger

- 形態：高さ5m内外になる落葉高木。葉は楕円形。夏、霧島の高千穂河原辺りでは、遠目に樹木全体が白く見えるほど花が咲くが、花弁のように見える4枚は総苞片で、花の集まりは目立たない球形で、中心部に位置している。果実の集まりは赤色の球形で、熟すととても甘い。総苞片が淡いピンクのものを公園等で見かけるが、これは和名をアメリカミズキ、またはハナミズキと称する。木市などでアメリカハナミズキという札がついているのを見かけるが、誤りである。
- 生育地：鹿児島県では高地・寒冷地の林内。
- 分布：本州〜屋久島。
- 類似種：特になし。
- 食用部分：果実
- 採取時期：9〜10月。
- 採取方法：完熟して落ちている果実を拾う。
- 食べ方：(1)生食するととても甘い。
(2)《ジャム》種子が堅いので取り除き、果皮ごとミキサーで細かくして煮詰める。十分甘いので砂糖は加えなくてもよい。

サイヨウシャジン（細葉沙参）ききょう科　*Adenophora triphylla* A.DC.

　全国版の山菜本には、必ずといっていいくらいツリガネニンジンが登場し、「山で旨いはオケラにトトキ、里で旨いはウリ、ナスビ」などと紹介されていて、かなりおいしい物のようである。サイヨウシャジンを折り採ると、切り口から白い汁がにじみ出て、嫌な臭いがするのだが…。東北地方あたりでトトキとも称せられるツリガネニンジンの近縁種である本種を食べるのを楽しみにして、時期を待った。

- 形態：直立して高さ1m内外になる多年草。葉は4枚を基準に、それ内外の数の葉を輪生する。茎の上部に数段、3〜5個の花のついた枝を車軸状に伸ばしていて、全体としては円錐状になっている。薄紫色の花は、口元がややすぼまった釣鐘形で、雌しべが目立って長く外に突き出ている。
- 生育地：比較的高地の山野。
- 分布：本州西部〜奄美群島。
- 類似種：ツリガネニンジン、ソバナ。

雌しべが長く突き出るのが区別点　　10月に掘り出した根茎

宮崎県椎葉村で見たソバナ　　根茎を薄切りにしてきんぴらに

●見分け方：どちらも鹿児島県には自生しないが、花はよく似ている。サイヨウシャジンと異なり雌しべが長くは突き出ない。
●食用部分：若芽、根茎。
●採取時期：8〜10月。
●採取方法：10cm内外の芽立ちを摘み採る。根茎は移植ごてで掘り採る。
●食べ方：《若芽の下ごしらえ》ゆでて水にさらす。嫌な臭いが消える。(1)削り節をかけて、醤油をかけて食べる。(2)何でもいいので和え物にすると、とてもおいしい。
《根茎の下ごしらえ》薄く切って水にさらす。
(1)油炒めにして食べる。
(2)塩コショウを振りかけてきんぴらにして食べると、くせがなく味も香りもキンピラゴボウに似た感じで、おいしく食べられる。
(3)天ぷらにして食べる。
(4)胡麻和えで食べる。
●用法：(根茎) 去痰；1日に8〜12gを3回に分けて食後に煎服する。

129

ミツバアケビ（三葉木通）方名アケッ　　**あけび科**　*Akebia trifoliata* Koidz.

　枝の基部近くに咲く大きい花が雌花で、先端のほうにたくさん咲く小さな花が雄花。果実が開裂する意味の、「開け実」がアケビとなったという説もある。つるはアケビ同様に、かごや椅子などの細工物を作るのに使われる。
●形態：つる性の落葉木本で、葉は縁が波打った3枚の小葉からなる複葉。春に、暗紫色の花を開き、秋に楕円形の果実が実るが、果皮が裂けて白い果肉を見せる。

●生育地：低地の雑木林の林内や林縁。
●分布：本州～屋久島。
●類似種：アケビ（木通）、ムベ（方名ンベ）
●見分け方：葉が、ミツバアケビは3枚の小葉に分かれ、アケビは5枚の小葉が掌状に出るので区別できる。どちらも果実は開裂するが、ムベは常緑で葉が広く果実は開裂しない。
●食用部分：伸びはじめたつる、果肉、果皮。
●採取時期：新芽3～4月、果実9～10月。
●採取方法：新芽の先端から20cmほどの所

果皮が開裂する

アケビの新芽

果皮の味噌炒め

ムベは完熟しても果皮が開かない

ミツバアケビの雌花

ムベの花

果皮に肉を詰めて油で揚げる

を2本の指ではさんでしごいて、摘み採る。
●食べ方：新芽は、ひとつかみの塩を加えて2分間ほどゆでてあくを抜き、水にさらす。
(1)新芽を短く切り、豆腐との和え物や、削り節をのせてお浸しにする。気にならない程度のかすかな苦味があり、おいしく食べられる。アケビの新芽は細くて、より苦い。
(2)果肉はそのままを種子まで一緒に飲み込むと簡単だが、それがいやなら種子は吐き出す。
(3)果皮を刻んで、味噌を加えて油で炒めると適度な苦味があってうまい。苦味の程度は炒め方にもよるが、味はニガウリに近い。
(4)果肉を取り除き、ゆでて苦味を弱めた皮にハンバーグの具を詰め込んで、たっぷりのサラダ油を敷いて、フライパンで蒸し焼きにする。果皮のかすかな苦味と相まって、とてもおいしい。

●用法：（茎）利尿・神経痛；1日に10～15gを3回に分けて煎服する。

イチョウ（銀杏、公孫樹）いちょう科　*Ginkgo biloba* L.

　イチョウは校庭や寺社の境内に多く見られる。巨樹になることや、夏は木陰に人を憩わせ、冬は葉を落として暖かい日光を通すのが好まれるのだろうか。中学校の生物教材としては、裸子植物の代表として登場する。熟したとき臭い部分は、果肉ではなくて種子の皮の一部である。皮に手で直接触れると、激しくかぶれる体質の人があるので、注意を要する。

- 形態：中国原産の裸子植物で雌雄異株の落葉高木。高さ30mほどに達し、葉は扇形で7cm内外の柄がある。春に黄緑色の花が咲くが、雄花は穂状で花粉を収め、雌花は2個の胚珠からなる。秋に種子が黄色に熟す。材はきめが細かくて美しく、まな板などに加工される。
- 生育地：中国原産、全国に植栽。
- 類似種：特になし。
- 食用部分：種子。
- 採取時期：10～11月。
- 採取方法：(1)落ちている種子を靴の端で軽く踏んで、種子を飛び出させる。それをミカン

雄花は花粉を飛ばすと枯れる 　　雌花は2個の胚珠がくっついている 　　皮をむいたギンナン

種子は2個が並んでつく 　　熟して落ちた種子　　封筒に入れてレンジでチン

竹串に刺して塩胡椒をふって

等を入れるビニールのネットに移して、流水の中でもみ洗いする。私がする方法はこれ。
(2)大量の種子を水とともにバケツに入れて、角材等で押しながら撹拌して皮をはがす。
(3)数週間土に埋めておくのもいいらしい。
●食べ方：(1)ペンチで種子の稜部を軽くはさんで割れ目をつけ、レンジで1～2分加熱すると、種子がはじけることなくきれいに仕上がる。宝石の翡翠のような色合いが美しい。
(2)種子をそのまま封筒に入れて、レンジで1～2分加熱する。ポンポンと音を立ててはじけ、開封すると一見無残な姿に見えるが、野性味があってよろしい。味は変わらずうまい。
(3)串に刺して、軽く塩を振りかけて弱火で焼いて食べると、酒肴として優れている。
(4)最も広く知られているのは、茶碗蒸しの具のひとつとして使うこと。
●用法：(種子) 咳止め；1日に5～10gを煮て食べる。

133

ツルソバ（蔓蕎麦）たで科　*Polygonum chinense* L.

　見慣れない人は、イタドリと見まちがうかもしれない。同じ仲間とあって感じがよく似ているが、イタドリが太い茎で直立するのに対して、ツルソバは這い気味に生長して行く。茎はイタドリ同様に塩をつけて、酸っぱい汁をすすることができる。ツルソバを屋久島ではイモンメと称する。屋久島には、これまでイタドリが生えていなかったようだが、道路の法面の工事にともなう種子吹きつけで、入り込んだようである。私は勤務していた1993年頃に、道路わきでイタドリの生育を確認したので、拙著に掲載した。

●形態：高さ40cm内外になる多年草。茎が地面を這うようにして広がり、枝分かれして途中から立ち上がる。植物全体に毛がなく、5月頃から白い花が茎の先端に集まって咲く。果実は、黒色の種子を半透明で液質の物質が包んでいて、噛んでみると汁にかすかな甘酸っぱさがある。

●生育地：溝や湿気の多い路傍や草むら。

10月頃咲く花 　　這って広がるツルソバ

11月のヒメツルソバの花 　　茎にとげのあるトゲソバ 　　ミゾソバにはとげがない

- 分布：本州中部以南。
- 類似種：ヒメツルソバ、ミゾソバ、トゲソバ。
- 見分け方：ヒメツルソバは、近年繁殖して勢力を拡大しつつある植物で、各地の石垣などで、大きな群落を作っているのを見かける。花は目立たないが、秋から紅葉がすすんできれいである。ミゾソバは葉に暗い斑紋があり、葉の形からウシノヒタイ（牛の額）の別名がある。トゲソバは茎に下向きの鋭いとげがあり、別名をママコノシリヌグイという。花は金平糖状で美しい。どれも食用にはならない。
- 食用部分：若い茎、果実。
- 採取時期：10〜12月。
- 採取方法：若い茎は折り取り、果実はそっと摘み採る。
- 食べ方：(1)若葉をゆでてお浸しで食べる。
(2)茎の皮をはいで食塩をつけ、噛みつぶして汁を飲む。
(3)果実を生食して汁を飲み込む。

エビヅル（海老蔓）方名ガラメ　ぶどう科　*Vitis ficifolia* Bunge

　晩秋に黒紫色に熟す果実は、ブドウの味がしておいしい。私の少年期には、自然の恵みのおやつのひとつだった。数十個の果実をいっぺんに口に放り込んで一気に噛み砕き、果汁だけを飲み込んで種子を吐き出す。大胆で面倒さくない食べ方だった。ヤマブドウと誤称する人があるが、ヤマブドウは温帯に生育する種類で、県内には自生は見られない。熊本県の人吉辺りには、クマガワブドウがある。

- ●形態：雌雄異株のつる性落葉低木で、原野や人家近くのやぶなどに生育する。葉は3～5カ所深く切れ込み、裏に綿毛が密生して白っぽく見える。夏に黄緑色の花が円錐状につき、晩秋に果実が黒紫色に熟す。1株から多くの果実を収穫できる。
- ●生育地：野原や人家近くの草むら。
- ●分布：関東以南。
- ●類似種：サンカクヅル、ノブドウ。
- ●見分け方：サンカクヅルは葉が3角形をし

花は花弁もなく目立たない

11月頃採れる黒真珠のような果実

ノブドウの果実は黒熟しない

葉が三角形のサンカクヅル。黒く熟しておいしい。

ていて、果実は大きさも味もエビヅルそっくりである。別名をギョウジャノミズ（行者の水）という。ノブドウは、葉の裏に白い毛がなく緑色で、果実はおいしくならない。虫が寄生したものは、通常の果実の数倍の大きさになり、多色に色づき美しいが、熟しても黒くはならない。
- 食用部分：果実。
- 採取時期：10〜11月。
- 採取方法：熟した果実を手で摘み採る。
- 食べ方：(1)生食する。
(2)エビヅル酒にする。
(3)ジャムをつくる。黒紫色に完熟した果実を水洗いして、ミキサーで種子まで細かく砕き、ホーロー鍋に移して、弱火で煮詰める。果実そのものに甘味があるが、好みに応じて砂糖を加える。細かくなった種子を噛んだときのプチプチ感と併せて、色・味・香りの3拍子が楽しめる。
- 用法：(葉) 便秘；1回に5gを煎服する。

スダジイ　ぶな科　*Castanopsis sieboldii* Hatusima

　「シイの実」は、50年ほど前の少年たちにとっては、自分で調達できるおやつのひとつだった。炒ったほうが香ばしくてずっとおいしいのだが、ポケットにため込んだ果実を生で食べるのが普通だった。正月の門松は、昔は松の代用としてシイの枝を使う場合も多かったようで、加治木町の生家では父もそうしていた。

- 形態：スダジイ（イタジイ）は、樹皮が黒灰色で、大木になると幹に深い溝が入り、葉の縁に鋸歯があり、果実が細長い。沿海地に多く、南国鹿児島の常緑照葉樹林内を構成する、代表的樹木のひとつである。
- 生育地：照葉樹林内や神社の裏山など。
- 分布：本州以南。
- 類似種：コジイ（別名ツブラジイ・円椎）
- 見分け方：スダジイとコジイは一見よく似ているが、見慣れると次のような違いから容易に区別がつくようになる。大木になっても、コジイの幹の表面は滑らかで、葉の縁も滑ら

5月頃のスダジイの樹冠

5月頃のスダジイの花

コジイの果実は丸っこい

11月にはコジイの落果を拾える

スダジイの果実は細長い

フライパンにふたをして炒る

か、果実が小粒で丸い。コジイは内陸性である。どちらも、5～6月の開花の季節には、樹冠が白く見えるほどに大量の花穂を直立させて咲き、周囲一帯に特有の臭いを漂わせて、気分が悪くなるという人もいる。一方、いいにおいだという人もいるから不思議だ。
●食用部分：果実。
●採取時期：9～10月。
●採取方法：幼い頃には木に登って枝になっているのを採ったものだが、高いので困難な場合が多い。落ちている果実で虫の侵入した穴のないものを拾うと良い。
●食べ方：(1)果実を噛み割って生で食べる。(2)フライパンで炒って食べると香ばしい。火にかける前にペンチで軽くはさむなどして、膨張した空気の抜けられる穴をあけておかないと破裂して、あたり一面に飛び散って大変である。
(3)封筒に生をそのまま入れて口を封じ、電子レンジで加熱する簡易法もお試しあれ。

マテバシイ（馬刀葉椎）方名マテ、マテジイ　ぶな科　*Lithocarpus edulis Rehd.*

　郷里の里山の巨樹の多くはマテバシイだったので、少年期には、この団栗（どんぐり）を拾ってたくさん持っていたものだ。それを囲炉裏（いろり）で焼いて食べたり、果肉を釘などで掻き出して独楽（こま）や笛を作ったりして遊んだものである。当時飼っていた山羊の餌が不足する冬には、マテバシイの葉を与えたがよく食べた。
- 形態：比較的海岸に近い照葉樹林に生育する常緑の高木。最近は街路樹としての利用も多い。葉は大きく、長さ約15cmの倒披針形で葉質は堅い。果実は10月頃成熟し、長さ3cmほどの長楕円体で、団栗としては最大級である。果実は渋抜きしないで食べられる。
- 生育地：比較的海岸に近い照葉樹林内
- 分布：九州南部以南
- 類似種：アラカシ（粗樫）
- 見分け方：マテバシイの葉は、厚くて光沢があり、縁が滑らか。殻斗（団栗の基部の杯状の部分）には瓦を伏せたように鱗状のもの

マテバシイの花

どんぐりでは最大級のマテバシイ

アラカシの花

アラカシの葉は中央より先に鋸歯がある

が並ぶ。アラカシの葉は、中央部より先に粗い切れ込みがあり、殻斗には横輪がある。他にもコナラやクヌギの団栗が手に入る。
- 食用部分：果実。
- 採取時期：9～11月。
- 採取方法：落果しているものを拾う。
- 食べ方：(1)破裂しないように果皮にひびを入れて、オーブン等で焼くと香ばしい。
(2)《団栗クッキー；上之原縄文の森指導》
団栗（どんぐり）粉は、堅い種皮をはずしたものをたたきつぶし、数時間水にさらしてあくを抜き、天日で乾燥させたものを石うすですりつぶしたり、ミキサーにかけたりして粉砕して作る。

①無塩マーガリン100ｇ、砂糖100ｇ、蜂蜜大さじ2をクリーム状になるまで練る。②鶏卵2個分の黄身を加えてさらに練る。③薄力粉100ｇ、団栗粉100ｇを加えて混ぜ合わせる。④適当量を煎餅状に押してのばす。⑤オーブンで焼く（実習では、熱した石の上で焼いた）。

ハクサンボク（白山木）すいかずら科　*Viburnum japonicum Spreng.*

　1950年代、少年の頃、ヒヨドリ捕りのわなを仕掛けに雑木林の中を巡るときに、赤く熟した果実を見つけては口に含んだものだ。たいしてうまいものではなかったが、果汁の酸味を味わった。冬には、光沢の強い葉が見事に紅葉し、果実は霜にあうとトロリとして甘味が増す。花材用に持ち帰ろうと素手で折ろうとしても、樹皮が丈夫で簡単には切り離せない。

●形態：低地の林内や林縁に生育する、高さ2m内外の常緑低木。葉は濃い緑色で、表面には強い光沢がある。葉身は幅12cm長さ15cm内外の広卵形で質が厚く、対生する。初春に、多数の白い小花が集まった直径10cm内外の花序をなす。果実は長さ7mmほどの、押しつぶしたような卵形で、秋に赤く熟す。

●生育地：山地の明るい林縁や林内。

●分布：九州・山口～沖縄。

●類似種：ガマズミ（莢蒾）。

ハクサンボクの花　　　　　　　　　　　1月には紅葉しているハクサンボク

10月頃のガマズミ　　　　　　　　　　　酸味のあるガマズミの果実

●見分け方：ハクサンボクの葉はピカピカに光っているが、ガマズミは葉の表面に短毛が密生するので光沢がない。ハクサンボクの葉は中央部が最も幅広く、ガマズミは先のほうが幅広い。果実はそっくりである。同様に利用する。
●食用部分：果実。
●採取時期：11〜1月。
●採取方法：生食用は柔らかく熟した果実を、果実酒用は、完熟していないものを採る。

●食べ方：(1)生食する。赤く色づいてもしばらくは堅いが、霜にあうと、酸味が抜けてうまくなる。果実をまとめて口に入れ、軽くかんで汁を吸って吐き出す。
(2)《果実酒》果実の4倍ほどの量のホワイトリカーか焼酎に漬ける。果実の4分の1ほどの砂糖を加えて寝かせ、果実は半年後くらいに取り除く。3カ月ほどたったら飲める。鮮やかな赤色が美しい。
●用法：(果実)疲労回復：果実酒にして飲む。

シャシャンボ (小々ん坊) 地方名 サセッ、サセビ、ミソッチョ　つつじ科　*Vaccinium bracteatum* Thunb.

　甘味はあるが果実が小さすぎるので、数個を口に入れてちょっと噛んで吐き出す程度の付き合いしかしていなかったのだが、果実を拡大撮影して、ブルーベリーにそっくりであることに驚いた。まさかとは思いながらも、園芸植物図鑑で調べて二度びっくり。両者は属までが同じ、親戚の関係にあったのだ。属名は Vaccinium (バクシニウム・スノキ属) という。ブルーベリーにならってジャムをつくろうと、冬の訪れを待った。

●形態：高さ2〜3mになる常緑低木で林縁に生育する。若葉と小枝が赤みを帯びていて美しい。葉は濃い緑色で光沢があり、幅2cm長さ4cm内外の楕円形で、先がとがって互生する。葉縁には細かい鋸歯がある。夏頃に、白色でスズランに似た壺状の花が多数集まって咲く。果実は直径4mm内外の球形で、晩秋から冬にかけて、白色の粉をかぶったような黒紫色に熟して甘味がある。これだけ条件がそろっているのだから、庭園木にして楽し

花はつぼ形

ブルーベリーそっくりの果実

果実は12月頃に熟す

1月頃、赤い新芽が美しい 　　ネジキの花（有毒） 　　アセビの花（有毒） 　　小粒だが甘い果実

んでも良さそうだと思っているところである。和名は、果実が小さいことに由来する。
- 生育地：照葉樹の二次林など。
- 分布：関東南部〜トカラ列島。
- 類似種：アセビ（馬酔木）、ネジキ（捩木）。
- 見分け方：2種ともつつじ科で花がそっくりなので採り上げたが、どちらも果実は乾いた球形で、シャシャンボのような果汁を含まない。両種ともに有毒植物である。
- 食用部分：果実。

- 採取時期：11〜1月。
- 採取方法：熟した果実を摘み採る。
- 食べ方：(1)生食する。甘くておいしい。
(2)ジャムをつくる。果実だけを摘み採って、全体をミキサーで細かくする。そのままでも甘味があるが、好みに応じて少量の砂糖を加えて、焦げつかないように煮詰める。黒紫色のジャムができあがり、パンにつけて食べると色・味・香りの3拍子そろっておいしい。種皮も種子も食感を妨げない。

晩秋に多数の果実が熟れるアキグミ

アキグミの花

果実は酸味が強い

アキグミ（秋茱萸）方名コメグン（米茱萸） ぐみ科 *Elaeagnus umbellata* Thunb.

- ●形態：海岸から内陸部までの各地に生育する落葉の低木で、明るい林縁や原野に多い。小枝は灰白色で、葉もはじめは両面が銀白色の鱗片で覆われる。4〜5月に葉の脇に1〜3個ずつ、銀白色または黄褐色で筒形の花が咲き、9〜11月に直径6mmほどの球形の果実が赤く熟す。
- ●生育地：沿海地から内陸部の林内や林縁。
- ●分布：日本全土に広く分布。
- ●食用部分：果実。
- ●採取時期：10〜12月。
- ●採取方法：果実の塊を、指ではさんでしごいて採る。
- ●食べ方：数十個をまとめて口に放り込んで噛み、果汁をすすって種子を吐き出す。酸味と渋みが口中に広がる。寒に打たれると甘味が増すが、それ以外の時期は、たいがい酸っぱい。
- ●用法：（果実）咳止め・喉のかわき；1回に5〜10gを煎服する。

11月頃咲く花

酸味が強い果実

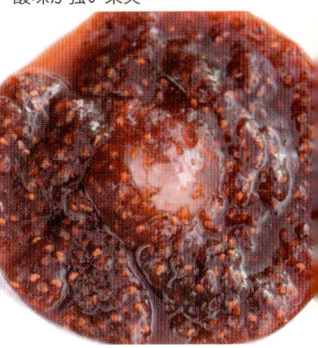

煮詰めてジャムに

12月頃の冬山に実っている

フユイチゴ（冬苺）別名カンイチゴ（寒苺）ばら科　*Rubus buergeri Miq.*

●形態：林下に生育し、地表近くを這って生育している常緑小低木。葉は直径10cmほどのハート形で、縁が浅く切れ込んでいる。秋に直径1cmほどの白い花が咲き、冬に直径1cmほどの果実が赤く熟す。葉は紅葉する。
●生育地：照葉樹林、杉林、竹林などの林床。
●分布：関東以西。
●食用部分：果実。
●採取時期：11〜12月。
●採取方法：熟した果実は離れやすいので、そっと手で摘み採る。
●食べ方：(1)生食する。
(2)《ジャム》さっと水洗いし、ホーロー鍋で果実をつぶしながら弱火で煮詰める。果実そのものには、たいして甘味がないので、少量の砂糖を加える。ジャムの鮮やかな赤色がきれいで、パンに付けて食べると、種子を噛みつぶすときの感触とともにおいしく食べられる。

マタタビ（木天蓼）またたび科　*Actinidia polygama* Maxim.

　猫にマタタビという言葉どおり、熟したマタタビの果実を雄猫に与えると、口の周りを唾液で濡らし、転がりながら体を床にこすりつける。和名は、疲れきった旅人が、この果実を食べて元気になり、また旅を続けられたからという説もあるが、アイヌ語の「マタタンプ（虫こぶ）」を語源とする説が有力なようだ。

●形態：落葉のつる性低木。葉は幅5cm長さ10cm内外の楕円形で、柄があって互生し、光沢がある。花の時期からしばらくの期間、葉の表面が白色に変わるので、遠くからでもその存在がはっきり分かる。これは表皮の下にできるすき間が原因らしい。花は雄花と雌花に分かれており、6～7月に開花する。果実は長楕円体で、9～10月に熟し、中に細かい種子が多数入っている。つぼみの時期にマタタビバエに卵を産みつけられると、果実はつぶれた形でゴツゴツした「虫こぶ」といわれるものになる。

マタタビの花　　7月頃に葉が白化するマタタビ　　マタタビ酒にされる虫こぶ

キウイフルーツそっくりのシマサルナシ　　ウラジロマタタビの果実は球形　　マタタビ酒

- 生育地：山地の林縁や谷沿いの道路わき。
- 分布：日本全土に広く自生。
- 類似種：ウラジロマタタビ、シマサルナシ。
- 見分け方：果実を比べるとウラジロマタタビの果実はほぼ球形、シマサルナシは表面に毛が密生し、外見も中身もキウイフルーツにそっくりで、長島町では子どもたちがコッコと称して食べていた。
- 食用部分：果実。
- 採取時期：9〜10月。
- 採取方法：熟しきっていない果実を採る。
- 食べ方：(1)《果実酒》虫こぶの方を使う。果実の体積の4倍ほどのホワイトリカーか焼酎に漬ける。果実の4分の1ほどの砂糖を加えて寝かせ、果実は1年後くらいに取り除く。(2)細長い正常な果実は、塩漬けや味噌漬けにすると、酒の肴によいという。
- 用法：(虫こぶ) 冷え性・利尿・強心・神経痛；マタタビ酒にして飲む。

ヤマノイモ（山の芋）方名ヤマイモ　やまのいも科　*Dioscorea japonica* Thunb.

　塊茎が太くなるには5年はかかるという。山芋掘りは、1m以上掘り下げなくてはならないのでとても骨が折れるそうで、私は昔からもっぱらムカゴ採りを楽しんでいる。
●形態：雌雄異株の蔓性多年草。葉は細長い心臓形で対生する。塊茎は長さ1mにも達する円柱形。これとよく似た味のするムカゴが葉の付け根につく。夏に、白色の小さな雄花が穂状に集まってまっすぐ上向きに咲いているのが目立つ。果実は3稜翼をもつ。
●生育地：人里のやぶや里山などの明るい場所。
●分布：種子・屋久以北。
●類似種：オニドコロ、マルバドコロ。
●見分け方：ヤマノイモは葉が対生で、オニドコロ、マルバドコロの葉は互生する。オニドコロにはムカゴができないが、マルバドコロには直径10cmほどのごつごつした球形のムカゴができる。これは食べられない。トコロは野老と書く。
●食用部分：塊茎、ムカゴ。

8月頃の株

立ち上がる雄花

ムカゴに塩をふって串焼きに

マルバドコロの葉

こぶし大になるが苦いマルバドコロ

ヤマノイモのムカゴご飯

●採取時期：ムカゴ採りは10月頃の、葉が黄葉した時期がよい。
●採取方法：ムカゴは、黄葉の時期にはこぼれ落ちる寸前にある。つるをそっと手繰り寄せて、振動を与えないようにしてそっと採る。こうもり傘を広げてつるの下に据え、つるを棒で軽くたたくと大収穫につながるので、ぜひお試しあれ。
●食べ方：《ムカゴの食べ方》(1)水洗いして、濡れているときに塩コショウをふりかけて、オーブンで焼く。粘り気のあるヤマノイモ特有の風味と、塩コショウの味が相まってとてもおいしい。果皮のかすかな苦味もいい。串焼きにするとなお良い。
(2)《ムカゴ飯》よく水洗いしたムカゴを、といで水加減をした釜の米に、少量の塩とともに入れてよくかきまぜてから炊き上げる。ほくほくしたムカゴの味がいい。
●用法：(樹皮) 下痢止め；1回に3gを空腹時に煎服する。

コンニャク（蒟蒻）さといも科　*Amorphophallus konjac C.Koch.*

　昔は田舎では、コンニャクはどこの家でも庭先のやぶや果樹の下などに生えていたもので、自家製のこんにゃくの色合いや形は、家庭によっていろいろだった。インドとセイロンが原産地の多年生草本。野生種は130種類ほどあり、東南アジアを中心に分布している。日本には中国から奈良時代に伝わり、古くから栽培されてきたものであるという。

- 形態：高さ80cm内外になり、地上部は秋に枯れて、球茎で冬越しし、春に葉を出す。球茎の上部は扁平で、中央部がくぼむ。小芋をつくって殖える。花は6年目以降の芋に咲き、気味悪がられるような肉穂花序を咲かせる。葉柄は太く、葉の表面に特有の斑点がある。葉は3本に分かれ、多数の小葉からなる複葉である。地上部がある時期に目印の棒などを立てておかないと、枯れてからではイモのありかがわからなくなる。
- 生育地：人家近くの日陰の空き地や林内。
- 分布：インドシナ原産。広く栽培される。

掘り出した3年生の芋　　刺身コンニャクで食べる　　奇妙な形の花

芋の皮をむいて煮る

くだいてすりつぶす　　灰汁で煮てコンニャクの出来上がり

- ●類似種：マムシグサ。
- ●見分け方：マムシグサの仏炎苞は緑～濃い紫色で、先は水平に伸びる。地下には、小さな芋がついている。
- ●食用部分：根茎。
- ●採取時期：9月以降いつでも。
- ●採取方法：3年生以上の芋を掘り採る。
- ●食べ方：《コンニャク作り》⑴芋の皮をむく。⑵灰汁を入れたすり鉢に、芋をすりおろす。⑶すりこぎでさらにすりつぶす。⑷固まりかけたら弁当箱等に入れて数時間置く。⑸灰汁を薄めに加えた湯で煮て、浮かんだら水につける。ゴム手袋をつけて作業をしないと、手がむずがゆくなる人が多い。
  ⑴作りたてを薄く切って、酢味噌をつけ刺身で食べるのが最高。
  ⑵大胆に手でちぎったものを、豚肉などと煮物にする。
  ⑶薄く切って、セリやミツバなどと白和えにする。

花の頃からウリの形

緑色の方がおいしいとか

漬物

ハヤトウリ（隼人瓜）うり科　*Sechium edule* Sw. R. Br.

　幼い頃からよく目にした野菜で、今でも時季になると無人販売所で売られている。
- 形態：つる性の多年草。大正時代に渡来。繁殖力旺盛で1株に100個を超す果実がつく。
- 生育地：やぶや樹木を這って生育する。
- 分布：熱帯アメリカ原産。各地で栽培。
- 食用部分：果肉。
- 採取時期：秋以降、落果前に収穫する。
- 採取方法：果実をひねるようにしてちぎる。
- 食べ方：(1)《漬物：横山千鶴子さん指導》

①2kgの皮をむいて4等分に切る。②2％量の塩（約40g）で半日漬ける。③水洗いして熱湯をかけ、水分をふきとる。④醤油1.5カップ、酢1カップ、黒砂糖150g、だし昆布10cm、唐辛子2本（種子を出して細かく切る）、ショウガ少々、梅干し3個を鍋に入れて煮立たせ、4〜5切れずつ入れ、1分ほどで取り出す。⑤密閉容器に冷めた煮汁と入れ、冷蔵庫で保存する。7〜10日目くらいがおいしい。(2)豚肉と味噌煮にする。

和名索引

○太字は、見出しに使用した和名
○細字は、類似種および地方名

【ア行】
アオビユ……………………… 114
アカザ………………………… 118
　アカミタンポポ …………… 10
アキグミ……………………… 146
　アキノノゲシ ……………… 34
　アケビ ……………………… 130
　アセビ ……………………… 145
　アマクサギ ………………… 68
　アマチャヅル ……………… 46
アマドコロ…………………… 48
　アラカシ …………………… 140
イタドリ……………………… 42
イチョウ……………………… 132
　イストクサ ………………… 52
　イヌビユ …………………… 114
イヌビワ……………………… 124
　イヌホオズキ ……………… 114
イヌマキ……………………… 126
イワガラミ…………………… 78
イワタバコ…………………… 101
ウド…………………………… 66
　ウバユリ …………………… 120
　ウマノアシガタ …………… 40
　ウラジロマタタビ ………… 149
エビヅル……………………… 136
オイランアザミ……………… 96
　オオイタドリ ……………… 43
　オオイタビ ………………… 124
　オオアルコユリ …………… 48
オオバギボウシ……………… 90
オオバコ……………………… 26
　オオバタネツケバナ ……… 8
オカウコギ…………………… 70
オカヒジキ…………………… 94
　オニドコロ ………………… 150

オニノゲシ…………………… 34
オニユリ……………………… 120
オランダガラシ……………… 8

【カ行】
カキノキ……………………… 28
カキドオシ…………………… 36
カジイチゴ…………………… 104
　カジノキ …………………… 108
　カスマグサ ………………… 21
　カノコユリ ………………… 120
　ガマズミ …………………… 142
　カラスザンショウ ………… 64
カラスノエンドウ…………… 20
　カラダケ（マダケ） ……… 60
カンザンチク………………… 60
カンチク……………………… 61
　カンツワブキ ……………… 32
ギシギシ……………………… 18
　キダチニンドウ …………… 87
　キツネノボタン …………… 40
クコ…………………………… 44
クサイチゴ…………………… 105
クサギ………………………… 68
　クサニワトコ ……………… 80
　コウゾ ……………………… 108
コオニユリ…………………… 120
　コサンダケ（ホテイチク）60
　コジイ ……………………… 138
コンニャク…………………… 152

【サ行】
　サイゴクイワギボウシ …… 90
サイヨウシャジン…………… 128
サツマイモ…………………… 122
　サツマサンキライ ………… 83

サツマシロギク……………… 14
サルトリイバラ……………… 82
　サンカクヅル ……………… 136
シオデ………………………… 84
シカクダケ…………………… 61
　シマサルナシ ……………… 149
シャシャンボ………………… 144
　シロザ ……………………… 119
　シロバナタンポポ ………… 10
スイカズラ…………………… 86
　スイバ ……………………… 18
スギナ………………………… 52
　ススキ ……………………… 24
　スズメノエンドウ ………… 21
スダジイ……………………… 138
スベリヒユ…………………… 116
セイヨウタンポポ…………… 10
セリ…………………………… 16
　セントウソウ ……………… 16
ゼンマイ……………………… 56
　ソバナ ……………………… 128

【夕行】
　ダイミョウダケ（カンザンチク）60
　ダイモンジソウ …………… 77
　タカサゴユリ ……………… 120
　タチシオデ ………………… 84
　タネツケバナ ……………… 8
タラノキ……………………… 64
　ダンドボロギク …………… 113
チガヤ………………………… 24
　チシャノキ ………………… 28
チャノキ……………………… 88
　ツクシ（スギナ） ………… 52
　ツバナ（チガヤ） ………… 24
　ツボクサ …………………… 36

和名索引

ツユクサ …………………… 38
　ツリガネニンジン ………… 128
　ツルアジサイ ……………… 78
　ツルグミ …………………… 106
ツルソバ …………………… 134
ツルナ ……………………… 92
ツワブキ …………………… 32
　トウグミ …………………… 106
　トキワカンゾウ …………… 50
　トキワツユクサ …………… 39
　トクサ ……………………… 52
　ドクゼリ …………………… 16
ドクダミ …………………… 100
　トゲソバ …………………… 135

【ナ行】
ナガバキイチゴ …………… 103
　ナツフジ …………………… 72
ナワシロイチゴ …………… 102
ナワシログミ ……………… 106
ニワトコ …………………… 80
　ネジキ ……………………… 145
　ノアザミ …………………… 96
　ノカンゾウ ………………… 50
ノゲシ ……………………… 34
　ノコンギク ………………… 14
ノビル ……………………… 22
　ノブドウ …………………… 136
　ノリウツギ ………………… 78

【ハ行】
ハクサンボク ……………… 142
ハナイカダ ………………… 74
　ハマサルトリイバラ ……… 83
　ハマニンドウ ……………… 87
　ハマボウフウ ……………… 98

ハヤトウリ ………………… 154
　ヒメイタビ ………………… 124
　ヒメコウゾ ………………… 108
　ヒメツルソバ ……………… 135
ヒメバライチゴ …………… 104
　ヒュウガギボウシ ………… 90
　フイリアマドコロ ………… 48
フキ ………………………… 12
フジ ………………………… 72
フユイチゴ ………………… 147
　ベニイタドリ ……………… 43
ベニバナボロギク ………… 112
　ヘラオオバコ ……………… 27
　ホウチャクソウ …………… 48
ホウロクイチゴ …………… 104
　ポーチュラカ ……………… 116
　ホソアオゲイトウ ………… 114
　ホソバイヌビワ …………… 124
ボタンボウフウ …………… 98
ホテイチク ………………… 60
　ホルトノキ ………………… 110

【マ行】
マダケ ……………………… 60
マタタビ …………………… 148
　マツバボタン ……………… 116
マテバシイ ………………… 140
　マムシグサ ………………… 152
　マルバグミ ………………… 106
　マルバツユクサ …………… 39
　マルバドコロ ……………… 150
　ミゾソバ …………………… 135
ミツバ ……………………… 40
ミツバアケビ ……………… 130
　ムベ ………………………… 130
　メダラ ……………………… 64

モウソウチク ……………… 58
【ヤ行】
ヤブカラシ ………………… 46
ヤブカンゾウ ……………… 50
ヤマグワ …………………… 108
ヤマノイモ ………………… 150
ヤマフジ …………………… 72
ヤマボウシ ………………… 127
ヤマモモ …………………… 110
　ユウスゲ …………………… 50
ユキノシタ ………………… 76
ヨメナ ……………………… 14
ヨモギ ……………………… 30

【ワ行】
ワラビ ……………………… 54

参考文献

石神千代乃『さつま料理歳時記』金海堂 ,1973

『山の幸』山と渓谷社 ,1983

橋本郁三『野山の幸 ピクニック』淡交社 ,1993

中井将善『山菜のとり方と料理の仕方』金園社 ,1999

山口明彦『山菜ガイドブック』永岡書店 ,1999

戸門秀雄『山菜・木の実 おいしい 50 選』恒文社 ,2000

『農産加工 料理集』中種子町農村婦人の家編

幕内秀夫『粗食のすすめ 春のレシピ』東洋経済新報社 ,2000

鹿児島県薬剤師会『薬草の詩』南方新社 ,2002

佐藤孝夫『新版北海道山菜図鑑』亜璃西社 ,2002

丸山尚敏『山菜』成美堂出版 ,2003

『春野菜の美味レシピ』生協コープかごしま ,2004

『自然を味わう 野草料理』パーソナル企画 , 山口青旭堂

初島住彦『改訂鹿児島県植物目録』鹿児島植物同好会 ,1986

奥山春季『寺崎日本植物図鑑』平凡社 ,1977

『鹿児島県植物方言集』鹿児島県立博物館 ,1980

益村聖『九州の花図鑑』海鳥社 ,1995

『山渓カラー名鑑 日本の野草』山と渓谷社 ,1998

大工園認『野の花めぐり』南方新社 ,2003

監 修 者　初島住彦（鹿児島大学名誉教授・農学博士）

著　者　川原勝征（かわはら かつゆき）
　　　　1944 年　鹿児島県姶良郡加治木町小山田に出生
　　　　1967 年　鹿児島大学卒業 以来、県内公立中学 7 校に勤務
　　　　（1994 ～ 1997 年 上屋久町立宮浦中学校に勤務）
　　　　（1997 年 鹿児島市立城西中学校に赴任、2005 年 3 月退職）
　　　　現在
　　　　鹿児島大学大学院理工学研究科非常勤職員、小学校理科支援員（日置市）
　　　　日本シダの会会員・鹿児島植物同好会会員、鹿児島植物研究会会員
　　　　現住所
　　　　〒 899-5652 鹿児島県姶良郡姶良町平松 4271-1
　　　　電話・FAX　0995-66-1773
　　　　著 書
　　　　『霧島の花 木の花 100 選』（南方新社 1999）
　　　　『霧島花だより』（南方新社 2000）
　　　　『南九州 里の植物』（南方新社 2001）
　　　　『屋久島 高地の植物』（南方新社 2001）
　　　　『新版 屋久島の植物』（南方新社 2003）　ほか

取材協力　川原らん子

山菜ガイド　野草を食べる

発行日　2005 年 4 月 20 日　第 1 刷発行
　　　　2017 年 5 月 20 日　第 5 刷発行

著　者　川原勝征

発行者　向原祥隆

発行所　株式会社 南方新社
　　　　〒 892-0873 鹿児島市下田町 292-1
　　　　電話　099-248-5455
　　　　振替　02070-3-27929

印刷・製本　渕上印刷株式会社

乱丁・落丁はお取り替えします
ⒸKawahara Katsuyuki 2005　　Printed in Japan
ISBN978-4-86124-048-5　C0645

自然とともに生きる
南方新社の **植物図鑑**

お近くの書店か直接小社までご注文ください。送料は無料。書店にご注文の際は、必ず「地方小出版流通センター扱い」とご指定ください。

植物観察図鑑
◎大工園 認
定価（本体 3500 円＋税）

雄しべ・雌しべの出現時期や活性期がずれる雌雄異熟の現象を追究した異色の観察図鑑。自家受粉を避け、多様な遺伝子を取り込むべく展開されるしたたかなドラマ。雄性期・雌性期の実相を明らかにし、花の新しい常識を今拓く。

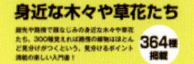

野の花ガイド 路傍 300
◎大工園 認
定価（本体 2800 円＋税）

庭先や路傍で顔なじみの身近な木々や草花。300 種覚えれば路傍の植物はほとんど見分けがつくという。日本各地に分布する全 364 種を掲載。見分けるポイント満載の楽しい入門書が登場！ 歩くたびに世界が広がる一冊。

九州の蔓植物
◎川原勝征
定価（本体 2300 円＋税）

日本に 300 種以上あるといわれる蔓植物は、なかなか知られることはない。本書は九州の身近な蔓から深山の蔓まで 149 種を紹介する。1 種につき、枝や茎、葉の表と裏、花や果実など、複数の写真を掲載し、総点数は 1000 枚を超える。

九州・野山の花
◎片野田逸朗
定価（本体 3900 円＋税）

葉による検索ガイド付き・花ハイキング携帯図鑑。落葉広葉樹林、常緑針葉樹林、草原、人里、海岸……。生育環境と葉の特徴で見分ける 1295 種の植物。トレッキングやフィールド観察にも最適。植物図鑑はこれで決まり。

琉球弧・野山の花 from AMAMI
◎片野田逸朗著 大野照好監修
定価（本体 2900 円＋税）

世界自然遺産候補の島、奄美・沖縄。亜熱帯気候の島々は植物も本土とは大きく異なっている。植物愛好家にとっては宝物のような 555 種類のカラー写真。その一枚一枚が、琉球弧の自然へと誘う。

奄美の絶滅危惧植物
◎山下 弘
定価（本体 1905 円＋税）

世界自然遺産候補の島・奄美から。世界中で奄美の山中に数株しか発見されていないアマミアワゴケなど、貴重で希少な植物たちが見せる、はかなくも可憐な姿。アマミスミレ、アマミアワゴケ、ヒメミヤマコナスビほか全 150 種。

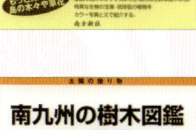

南九州の樹木図鑑
◎川原勝征
定価（本体 2900 円＋税）

九州の森、照葉樹林を構成する木々たち 200 種を収録。1 枚の葉っぱから樹木の名前がすぐ分かるのが本書の特徴である。1 種につき、葉の表と裏・枝・幹のアップ、花や実など、複数の写真を掲載し、総写真点数は 1200 枚を超える。

新版 屋久島の植物
◎川原勝征著 初島住彦監修
定価（本体 2600 円＋税）

海辺から高地まで、その高低差 1900m の島、屋久島。その環境は多彩で、まさに生命の島といえる。本書は、この島で身近に見ることができる植物 338 種を網羅し、645 枚のカラー写真と解説で詳しく紹介する。

南九州・里の植物

◎川原勝征著　初島住彦監修
定価（本体2900円＋税）

540種、900枚のカラー写真を収録。南九州で身近に見る植物をほぼ網羅した。これまでなかった手軽なガイドブックとして、野外観察やハイキングに大活躍。植物愛好家だけでなく、学校や家庭にもぜひ欲しい一冊。

食べる野草と薬草

◎川原勝征
定価（本体1800円＋税）

身近な植物が、食べものにも薬にも！ ナズナ、スミレ、ハマエンドウなど、おいしく食べられる植物。そして薬にもなる植物。その生育地、食べ方、味、効能などを詳しく紹介。身近な植物を知り、利用して、暮らす知恵を磨く一冊。

増補改訂版 校庭の雑草図鑑

◎上赤博文
定価（本体2000円＋税）

学校の先生、学ぶ子らに必須の一冊。人家周辺の空き地や校庭などで、誰もが目にする300余種を紹介。学校の総合学習はもちろん、自然観察や自由研究に。また、野山や海辺のハイキング、ちょっとした散策に。

日々を彩る 一木一草

◎寺田仁志
定価（本体2000円＋税）

南日本新聞連載の大好評コラムを一冊にまとめた。元旦から大晦日まで、366編の写真とエッセイに、8編の書き下ろしコラムを加えて再構成。花の美しい写真と気取らないエッセイで、野辺の花を堪能できる永久保存版。

植物あそび図鑑

◎川原勝征
定価（本体1800円＋税）

自然は遊びの宝庫。道端や庭、公園や校庭など、身近にある植物を使った遊び約120種を収録。作り方と遊び方を、複数の写真で順を追って解説した。すべての漢字にルビ付き。親子で楽しめる。巻末には植物索引も。

野生植物食用図鑑

◎橋本郁三
定価（本体3600円＋税）

ゆでる、揚げる、リキュールをつくる、木の実でジャムをつくる——。本書は、野生植物を調査し続けて20数年、多数の著書をものする植物学者がまとめた一冊である。沖縄・奄美・南九州で出会った野草の、景色と味わいが満載。

薬草の詩

◎鹿児島県薬剤師会編
定価（本体1500円＋税）

身近にあって誰でも手にできる薬草の中から、代表的な162種をピックアップ。薬剤師が書いたエッセイが、めくるめく薬草の世界へと誘う。薬草の採取と保存の仕方、煎じ方と飲み方などを解説した資料編付。

自然農・栽培の手引き

◎鏡山悦子著　川口由一監修
定価（本体2000円＋税）

耕さず、肥料・農薬を用いず、草々虫達を敵とせず、生命に添い従い、応じ任せて、実りを手にする術を示した自然農への手引書。お米、野菜、雑穀、果樹——農のある暮らしを深く実のあるものに導いてくれる。

図書出版 南方新社
〒892-0873 鹿児島市下田町292-1　TEL 099-248-5455　FAX 099-248-5457
Eメール info@nanpou.com　HP：http://www.nanpou.com/
お近くの書店か直接小社までご注文ください。送料は無料。書店にご注文の際は、必ず「地方小出版流通センター扱い」とご指定ください。